札幌

sapporo

BREAD GUIDE

パン便り

こだわりのベーカリー案内

札幌「パン便り」編集室 著

MATES -PUBLISHING

RY IN SAPPORO

札幌パン便り

HOKKAIDO BAKERY

こだわりのベーカリー案内

CONTENTS

DELICIOUS BAKE

SAPPORO Bakery MAP

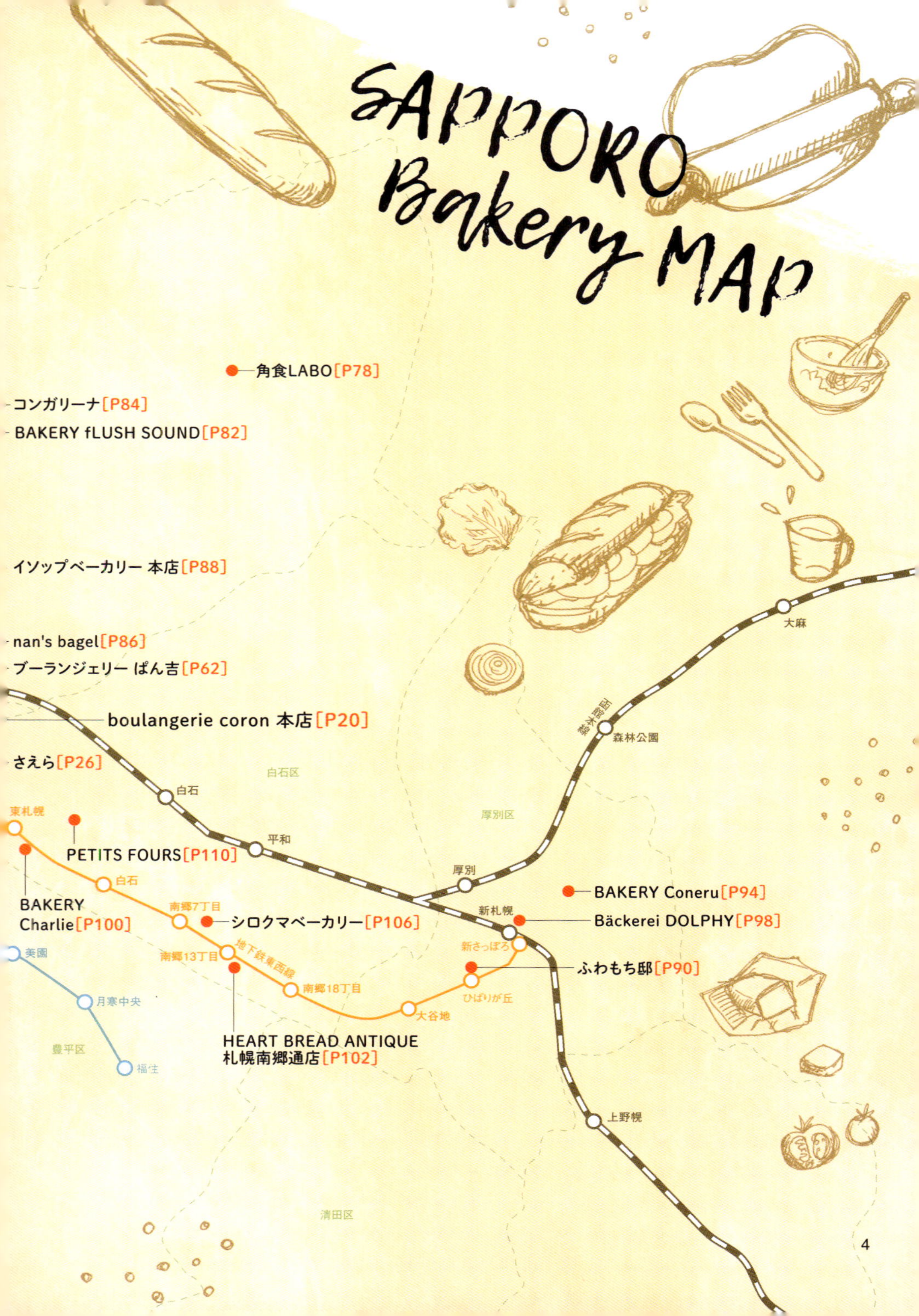

角食LABO［P78］
コンガリーナ［P84］
BAKERY fLUSH SOUND［P82］
イソップベーカリー 本店［P88］
nan's bagel［P86］
ブーランジェリー ぱん吉［P62］
boulangerie coron 本店［P20］
さえら［P26］
PETITS FOURS［P110］
BAKERY Charlie［P100］
シロクマベーカリー［P106］
HEART BREAD ANTIQUE 札幌南郷通店［P102］
BAKERY Coneru［P94］
Bäckerei DOLPHY［P98］
ふわもち邸［P90］
大麻
函館本線
森林公園
白石区
白石
平和
厚別区
厚別
新札幌
東札幌
白石
南郷7丁目
地下鉄東西線
南郷13丁目
南郷18丁目
大谷地
ひばりが丘
新さっぽろ
美園
月寒中央
福住
豊平区
上野幌
清田区

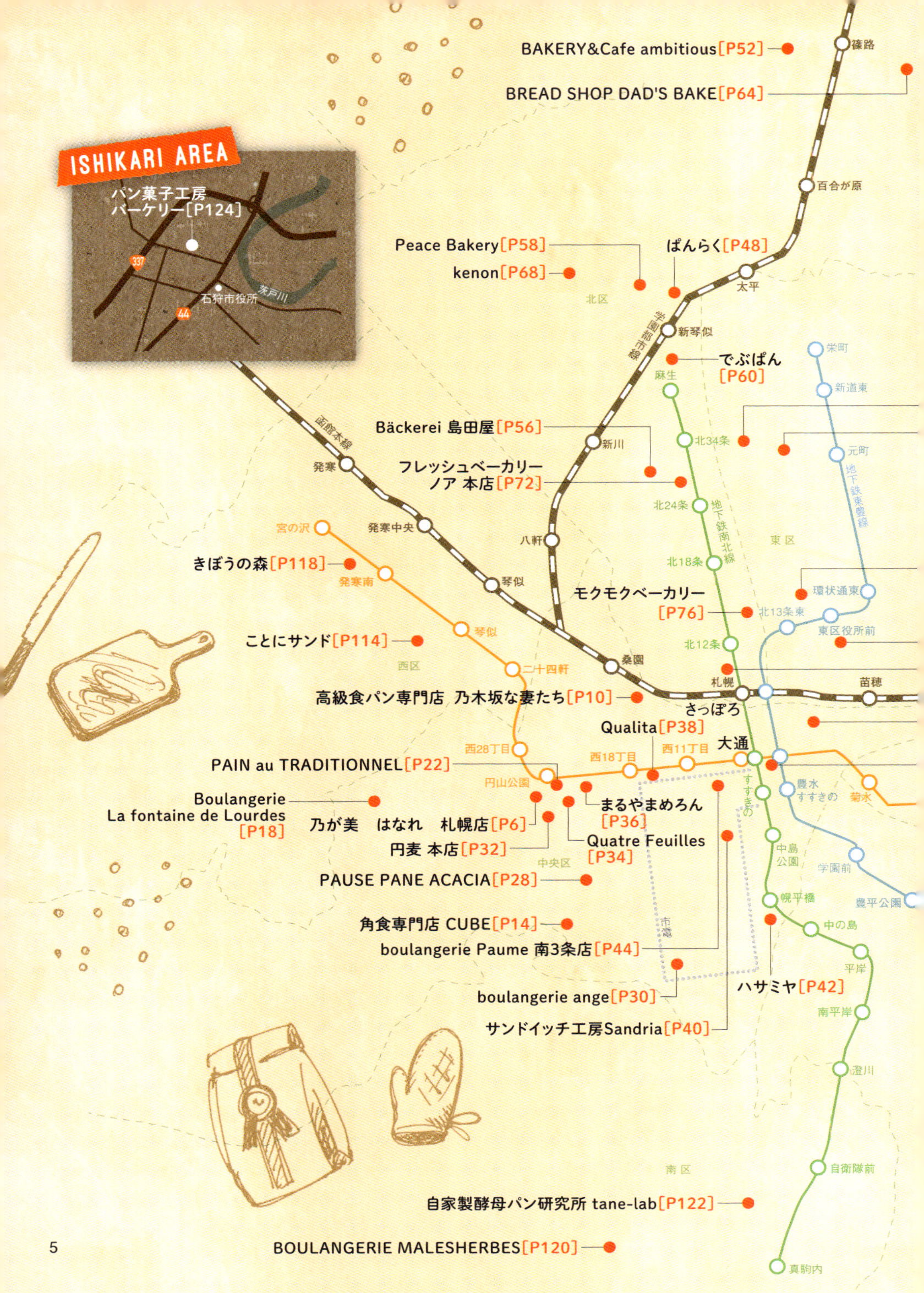

ISHIKARI AREA
パン菓子工房
バーケリー[P124]
337
石狩市役所
茨戸川
44
BAKERY&Cafe ambitious[P52]
篠路
BREAD SHOP DAD'S BAKE[P64]
百合が原
ぱんらく[P48]
Peace Bakery[P58]
kenon[P68]
太平
北区
学園都市線
新琴似
でぶぱん[P60]
麻生
栄町
新道東
Bäckerei 島田屋[P56]
新川
北34条
元町
地下鉄東豊線
函館本線
発寒
フレッシュベーカリー
ノア 本店[P72]
北24条
地下鉄南北線
東区
宮の沢
発寒中央
八軒
北18条
きぼうの森[P118]
発寒南
琴似
モクモクベーカリー
[P76]
環状通東
北13条東
ことにサンド[P114]
琴似
東区役所前
北12条
西区
二十四軒
桑園
札幌
苗穂
高級食パン専門店 乃木坂な妻たち[P10]
さっぽろ
Qualita[P38]
大通
西28丁目
西18丁目
西11丁目
PAIN au TRADITIONNEL[P22]
円山公園
すすきの
豊水すすきの
菊水
Boulangerie
La fontaine de Lourdes
[P18]
まるやまめろん
[P36]
乃が美 はなれ 札幌店[P6]
円麦 本店[P32]
Quatre Feuilles
[P34]
中島公園
学園前
中央区
PAUSE PANE ACACIA[P28]
幌平橋
豊平公園
市電
角食専門店 CUBE[P14]
中の島
boulangerie Paume 南3条店[P44]
平岸
boulangerie ange[P30]
ハサミヤ[P42]
南平岸
サンドイッチ工房Sandria[P40]
澄川
南区
自衛隊前
自家製酵母パン研究所 tane-lab[P122]
BOULANGERIE MALESHERBES[P120]
真駒内

こだわりの製法と素材で人々に感動を！

高級「生」食パン専門店
高級「生」食パン専門店
「乃が美」のこだわり
一、たまごは使用しておりません。
二、最高級カナダ産100%の小麦粉を使用しております
三、焼かずに美味しく食べていただける
高級「生」食パン作りにこだわり、
職人がひとつひとつ丁寧に焼き上げました。
Premium
日本のおいしい食パン名品10本に選ばれました
パンマニアが今年最も注目したパン
ン・オブ・ザ・イヤー 2016
食パン部門
金賞に選ばれました
高級感ある白い看板にお店の理念が書かれている

乃が美　はなれ　札幌店

のがみ　はなれ　さっぽろてん

chuouku
中央区

ここは九州から北海道まで145店舗を展開し、毎年のように表彰される食パンの王道、「乃が美　はなれ」。創立当初より、共に『乃が美』の理念を共有し、その製法を磨き認められた店主のみが冠することのできる称号。乃が美の「生」食パンは、同店オリジナルブレンドの小麦粉を使用して作っており、焼きあがりの香りが抜群。それでいてすっと溶けるような理想的な柔らかさに仕上がるのは、小麦だけではなく、生クリーム、バターまで徹底して素材を厳選しているからこそ。日本の美味しい食パン名品10本にも選ばれ、数々の賞を受賞しているお店の理念は、「乃」～それは、「すなわち、まさしく」という意味と「美」～それは、「姿、色が美しい、感動、美味い」という店名に込められている。

当店の通常販売サイズとなります。
食べきれない時は、
少し厚めにカットし冷凍保存してください。
1週間は風味豊かなトーストとして
お召し上がりいただけます。
レギュラー（2斤）サイズ
¥864（税込）
1日で食べきりやすい半分サイズです。
レギュラーに比べ、数多く焼くことができませんので、
店頭にない場合はご予約にてお求めください。
ハーフ（1斤）サイズ
¥432（税込）

最高級カナダ産の小麦粉を使用した特許の食パン

札幌店
2

全国のパンを愛する人たちから絶賛されるその味の秘密は、コレステロール値が低く、体にもやさしいマーガリンとバターを併用すること。「生」食パンに自然な乳のコクを表現し、蜂蜜を配合することで、ほのかで上品な甘みが広がる。生地ももちろんだが、耳は香ばしくてやわらかく微かにキャラメルに似た風味がやみつきに。耳はサクサク、生地はしっとりの焼き上がりになるように温度・時間を調整しているため一度に焼ける本数が限られる、こだわりの製法だから実現する味だ。

4

3

1

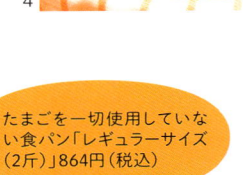

たまごを一切使用していない食パン「レギュラーサイズ(2斤)」864円(税込)

5

1.高級感ある焼きたての食パンは耳までが柔らかくもっちりとした食感。
2.センスあふれる建物に食パンの美味しさが伝わってくる。
3.店内にはギフト専用の商品も並び贈り物にも最適。
4.香ばしさと食感を楽しめる「乃が美のクルトン」216円(税込)。
5.やさしい空間を感じる店内で笑顔溢れるスタッフが親切丁寧に対応してくれる。

INFORMATION

㊟札幌市中央区南2条西27丁目2-20
☎011-633-0008
㊏11:00 ～ 19:00
㊡ 火曜日 Ⓟ7台
INなし ㊔あり ㊌あり
㊜地下鉄東西線「円山公園」駅から徒歩約5分
HPhttp://nogaminopan.com/

Check

[一部メニュー紹介]
- 食パンレギュラーサイズ(2斤)¥864
- 食パンハーフサイズ(1斤)¥432
- 乃が美のクルトン ¥216

※価格は全て税込

独特の製法で風味の違いを感じさせる高級食パン

2階には購入したパンやドリンクを飲むことのできる乃木妻カフェ

高級食パン専門店 乃木坂な妻たち

のぎざかなつまたち

chuouku
中央区

一軒家をまるごと改装したカフェスペース併設の高級食パン専門店。

くちどけのよさを実現する北海道では流通してない特殊な小麦粉を九州から直送。まろやかな甘みのある雪塩を使用し、絹のような白くきめ細かな生地を作ることで、ふんわり口どけがいい食パンを実現。2階にはイートインスペースがあり、食パンの食べくらべセットをはじめ、はちみつとのペアリングが体験できる。トースターがたくさん設置され、自分で好きなトースターを選べる。ここでしか味わうことのできないクリームソーダやその場で焙煎するコーヒーを味わえ、食パンにあうコーヒーの販売もしている。焼きたてのパンをその場で楽しむことができる数少ないカフェ&高級食パン店。

素材を追求したからこその最高級な味

2

この店のこだわりは、絹のように白く、きめ細やかにする製粉技法にこだわった他には真似ができない小麦粉と厳選した生乳から作られた、添加物を一切使用していないフレッシュなクリーム。

使用している雪塩は宮古島の地下海水を汲み上げ、そのまま凝縮する精製法でミネラル含有量が世界一で、真っ白できめ細かなパウダー状のまろやかな甘み。そして豊潤な甘い香りと濃厚なコクを生み出してくれる国産バター。このこだわりが最高級のパンを作り出している。

3

季節のフルーツをサンドした
「君たちなフルーツサンド」
756円（税込）

4

1

1.食パンもさることながら2階で食べることのできるメニューが豊富。
2.食パンにかけて食べると絶品なレモンやブルーベリーなどのオリジナルハチミツ。
3.JR桑園駅にほど近い目立つ建物。
4.パンとの相性が抜群の選び抜かれたコーヒーも販売。

INFORMATION

㊟札幌市中央区北6条西15丁目3-7
☎011-213-8947
㊖10:00 ～ 19:00（パンがなくなり次第終了）
㊡ 不定休　Ⓟ6台
INあり　㊮あり　送あり
㊫JR「桑園」駅から徒歩約5分、地下鉄東西線「西11丁目」駅から徒歩約13分
HPhttps://www.nogitsuma.com/

Check

●焼き上がり時間　9:30 ～
［一部メニュー紹介］
●豊潤な妻 ¥800
●かぐやひめ ¥980
●ベルサイユ ¥800
●ドレミなあん巻き ¥650

※価格は全て税別

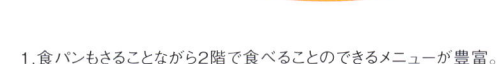

羊蹄の湧き水を使った
食パンは最高級の味

大自然、北海道産の素材が詰まったパンは甘い香りが漂う

角食専門店 CUBE

かくしょくせんもんてん　キューブ

chuoku
中央区

藻岩山のふもとの通り、藻岩山麓通り沿いにある角食専門店「CUBE」。素材にこだわった角食パンを毎日10種類以上焼き上げ、販売している有名店。そのすべてのパン作りに使用されているのが、羊蹄山の湧水。羊蹄山の湧水は超軟水で、この湧水を使うことで素材の風味が引き立つ。その中で最も人気のあるメニューが「特別な角」。こだわりは道産食材に徹底的にこだわっているということで、小麦粉は、パンによく合う道産小麦「ハルエゾ」を100%使用。砂糖はてんさい糖、塩はサロマ湖産の「オホーツクの塩」、生クリームとバターももちろん北海道産、水は羊蹄山の湧水。小麦粉の風味、そしてきめ細やかな食感は、まさに「特別」といえる代表作の食パン。

100％手作りにこだわったパンは数えられないほどの試験焼きの証

20種類以上あるパンすべてに情熱を注いだという同店。材料にこだわりを求め、きめ細やかな耳はもはや芸術的な味。もちもちとした食感としっかりとした小麦粉の風味は色々な雑誌で紹介されるほど。日によって変わる「本日のおすすめセット」（数量限定品）はスタンダード、コーヒーとビターキャラメル、リンゴとレーズン、全粒粉、限定品など5種類ものの角食が入って１０７０円（税別）と魅力が詰まったパンのセットメニューは早いもの勝ち。素材と製法を追求した角食はまだまだ進化を続けている。

2

4

3

5

1

すべて北海道産の素材で作られた「北海道地元角食（特別な角）」
1斤350円（税別）ハーフ525円（税別）1本1050円（税別）

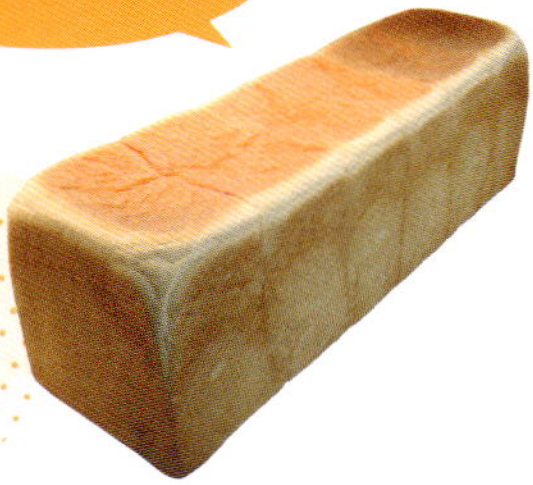

1.常時14～15種類の焼きたてのパンが勢ぞろいするレジ横のパン棚。
2.グリーンを基調とした看板に赤く縁どられた入口が目を引く外観。
3.オリーブとバジル、オレンジとレモンなど厳選された素材を掛け合わせたパンも豊富。
4.素材を活かした「もりのくだもの畑」のジャムを4種類販売している。
5.本日のおすすめや限定品が並ぶテーブル。

INFORMATION

㊟札幌市中央区旭ケ丘5- 1- 1
☎011-532-0138
㊐10:00 ～ 18:00（4月～ 11月）
11:00 ～ 17:00（12月～ 3月）
㊡火曜日、売り切れ次第終了　Ⓟ2台
INなし　予なし　送なし
交JRバス「慈啓会前」停から徒歩約3分
HPなし

Check

●焼き上がり時間
開店直前～随時
［一部メニュー紹介］
●北海道地元角食（特別な角）
1本 ¥1050・ハーフ ¥525
1斤 ¥350・1食 ¥175
●全粒粉
1斤 ¥400・1食 ¥200
※価格は全て税別

札幌市内を一望できる こだわりのベーカリー

Boulangerie La fontaine de Lourdes

chuoku 中央区

ブランジェリー ラ・フォンティヌ・ドゥ・ルルド

宮の森大倉山の麓の小さなお店で、ルヴァン（天然酵母）を使用した、フレンチスタイルのパンを造っている店。種類は、ハード系パン、クロワッサンなど、30種類程度のバリエーションを取り揃え、すべて手作りのオリジナルパン。

どのパンも天然酵母と長時間発酵により、素材の味を十分に引き出し、パン本来の味を楽しむことができる。商品には道産小麦を使用しているものも、フランス産小麦を使用しているものもあり、パンそれぞれの特徴に合った粉・素材・分量で「美味しい」を表現している。フランス産の小

2

1

色々な種類の丸パンが
袋に詰まっている

3

1.色合いからも一つ一つすべてのパンにこだわりを持って手作りしているのがわかる。
2.住宅街の中にあり、お洒落な一軒家の1階部分がお店。
3.壁にきれいに並べられたジャムは色々な地方の素材を使ったもの。

約30種類のパンが所狭しと並べられている

Check

［一部メニュー紹介］
- パン・ドゥ・ミー全粒粉 ¥680
- 全粒クロワッサン ¥220
- クリームレーズンパイ ¥270
- フィグ・ノア ¥260
- 林檎とレーズン ¥240

※価格は全て税込

INFORMATION

(住)札幌市中央区宮の森4条12丁目10-1
☎011-616-2320　(FAX)011-616-2320
(営)平日10:00 ～ 18:00
土曜・日曜・祭日 8:30 ～ 18:00
(休)月・火・水　(P)なし
(IN)なし　(予)あり　(送)なし
(交)地下鉄東西線「円山」駅から車で約15分
(HP)http://miyanomori-lourdes.com/

麦を使用し、しっかり焼いたクラストと程よいもっちり感のクラムが特徴の「バゲット」はハード系パンの代表格。札幌市内が一望できる場所で、絶景の味わいも楽しみの一つ。

北海道産小麦100%使用と低温長時間発酵によって独自のパンを生み出し続ける

boulangerie coron 本店

chuoku
中央区

ブーランジェリーコロン ほんてん

boulangerie coron（ブーランジェリーコロン）は、2012年にOPENした札幌のベーカリーショップ。北海道産の小麦を使い、その土地のパンにはその土地の食材が一番合うと考え、小麦以外の材料も極力北海道の物を使用している。パンの多くは、低温長時間発酵によって生まれ、それは小麦が本来持つ美味しさを100%引き出すため、自然酵母を使い、通常より数倍時間をかけ、低温で長時間発酵させる製法。焼き上がったパンは噛めば噛むほど芳醇で、奥深い美味しさが好評を呼

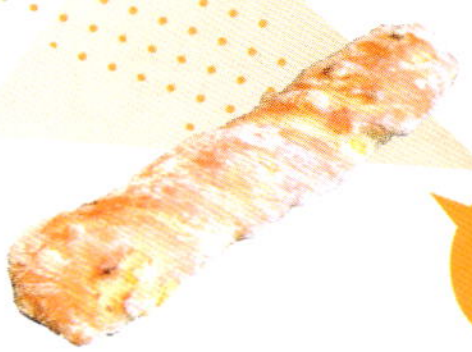

「道産とうきびの
リュスティック」
240円(税別)

1.使用している小麦が飾られた棚には北海道産ワインも。
2.奥行きのある店の天井はモダンな雰囲気の光がパンをライトアップさせる。
3.ビルの1階にある洋風なイメージのガラス張りの店。

日差しが差し込む明るい店内はブティックを思わせる雰囲気

Check

- **焼き上がり時間　開店～正午**

[一部メニュー紹介]
- **バゲットcoron ¥238**　● **バタール ¥238**
- **クロワッサンcoron ¥210**　● **ミルクフランス ¥200**
- **パン・オ・マングー ¥330**　● **パン・オ・ショコラ ¥238**

※価格は全て税別

INFORMATION

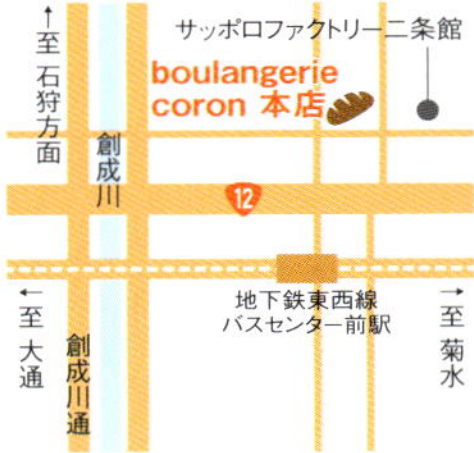

㊟札幌市中央区北2条東3丁目2-4
☎011-221-5566　FAX011-221-5566
㊣9:00～18:30
㊡不定休・年末年始　Ⓟなし
INなし　㊙あり　送なし
㊋地下鉄東西線「バスセンター前」駅から徒歩約4分
HPhttp://www.coron-pan.com/

び、ベーカリーの他にもレストラン1店舗を展開している。ギフトや手土産、差し入れに最適で、パンの詰め合わせの他にワインとパンが入るスタイリッシュなギフトボックスも用意している。

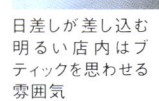

フレンチスタイルで作る パンが食卓に！

店の天井にあるゴールドの「パンオトラディショネル」の看板が店の伝統を伝えている

PAIN au TRADITIONNEL

パンオトラディショネル　円山本店

chuoku
中央区

円山公園、マルヤマクラスにあるお店がパンオトラディショネルの1号店。店内でパンからサブレまで全て焼き上げて販売するほか、パンが食べ放題のサラダランチなどが楽しめるカフェを併設している。パンオトラディショネルは伝統的なフレンチスタイルのパンづくりをベースに、毎日の食卓に安心で安全なおいしい天然酵母のパンを提供するベーカリー。そのこだわりは天然酵母「ルヴァンリキッド」を使って低温長時間発酵させたハードパンと、北海道の新鮮で良質な牛乳から作るバターやクリームにある。

職人が毎日継ぎ足しながら育てているこの「ルヴァンリキッド」が店の誇り。常に変化する温度や湿度に合わせてコントロールする発酵技術こそがパン職人の真骨頂。

カフェスペースで味わえる焼きたての香ばしいパン

地下鉄円山公園駅直結の商業施設マルヤマクラスの1Fに入るお店。60種類にも及ぶパンが店内を飾っている。円山近隣の人たちだけでなく、他の地域からの来店も多く、こだわりぬいた素材とパン作り製法で出来た焼きたてのパンを購入し、併設するカフェスペースで食べるリピーターが多い。大通りに面した32席のカフェスペースはどの時間帯もパンを楽しむ人たちで賑わっており、モーニング(9時～11時)やランチ(11時～15時)にはお得なセットも有り、平日も賑わっている。

2

4

3

1

伝統的な小麦と天然酵母を使用した「バゲットモンジュ」303円（税込）

5

1.通路側に並べられた焼きたてのパンは店舗の外からでも垣間見える。
2.マルヤマクラスに入るとすぐ右側にあり見逃すことはない。
3.背景にはお洒落なパンの飾りが高級感をかもしだすレジカウンター。
4.パン職人がひとつひとつ丁寧に焼く様子もうかがえる。
5.一人でも家族連れでも気軽に座れるカフェスペース。

INFORMATION

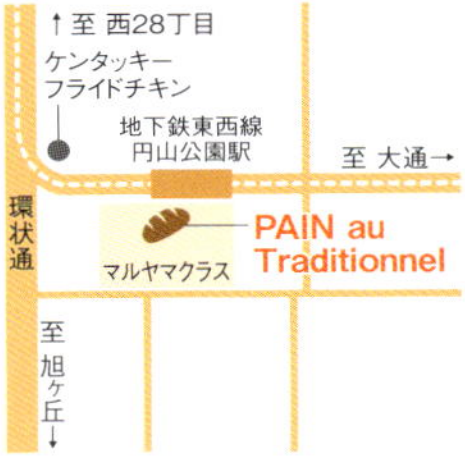

(住)札幌市中央区南1条西27丁目-1-1
マルヤマクラス1F
☎011-688-6201
(営)9:00 ～ 20:00
(休)無休　(P)あり
(IN)なし　(予)なし　(送)なし
(交)地下鉄東西線「円山公園」駅6番出口直結
(HP)http://www.traditionnel.co.jp/

Check

●焼き上がり時間
前店直前～随時

［一部メニュー紹介］
●天然酵母の角食パン
1本 ¥1260・1斤 ¥422
●コンプレ食パン
1斤 ¥356・ハーフ ¥179
●クロワッサン ¥216

※価格は全て税込

札幌市民に愛される
サンドイッチ専門店のカフェ

chuoku
中央区

さえら

さえら

この店は1975年にオープンしたサンドイッチ専門店。10種類以上の具材から2種類を選ぶスタイルで、フレッシュなフルーツを甘さ控えめのクリームで挟んだ「フルーツサンド」と、たらばがにの脚とフレークをたっぷり使った「たらばがにサラダサンド」が看板メニュー。注文後に揚げる「えびカツサンド」や、スモークチキンサンドもおすすめ。驚くのは平日にもかかわらず、10時開店を待つ客の行列。開店と同時に食事やテイクアウトの客がひっきりなしに訪れる人気店で、海外からの観光客も多く、英語メニューがあるの

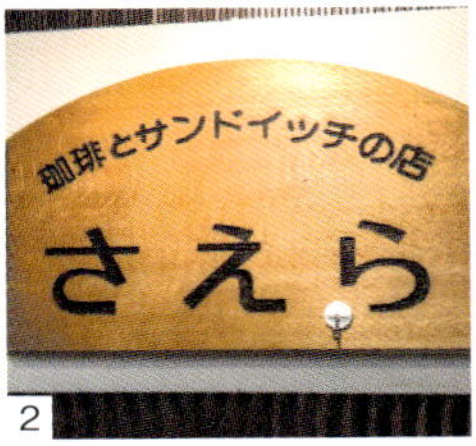

2

1

メンチカツのボリュームと新鮮なフルーツの黄金コンビ「フルーツ&メンチカツ」770円（税込）

コロッケからこぼれんばかりに、とうきびの粒々が入っている「焼きもろこしコロッケ&ねぎチャーシュー」770円（税込）

3

1.40席以上あるテーブルだが開店後まもなく満席になるのは日常の事。
2.札幌市民に愛され続けている人気店は、40年以上にもわたり営業をしている。
3.オーダーを受けてから揚げるエビカツとフルーツをチョイスした「フルーツ&えびカツ」770円（税込）。

贅沢を思わせるカニの風味がたまらない「たらばがにとスモークチキン」900円（税込）のサンドイッチ

Check

［一部メニュー紹介］
- たらばかに&たまご ¥850
- たらばかに&ポテトサラダ ¥850
- たらばかに&スモークチキンサラダ ¥900
- フルーツ&メンチカツ ¥770
- フルーツ&カレーコロッケ ¥770
- フルーツ&焼きもろこしコロッケ ¥770

※価格は全て税込

INFORMATION

(住)札幌市中央区大通西2丁目5-1
都心ビルB3F
☎011-221-4220　FAX011-221-4220
(営)10:00～18:00
(休)水曜日　(P)なし
(IN)あし　(予)なし　(送)なし
(交)地下鉄「大通」駅19番出口すぐ
(HP)なし

もうれしい。フランス語で「あれもこれも」という意味のさえら。店内は昔ながらのシックで落ち着いた雰囲気で、ゆっくりサンドイッチを楽しめる。1度は行ってみたいお店の一つ。

料理に合う抜群の相性を徹底追及した8種類のパン

PAUSE PANE ACACIA

chuoku
中央区

ポーズパン　アカーチャ

もともとはイタリアンのシェフという店主のこだわりの理念を追求した数々のパンを求め料理人が足繁く通う専門店。8種類あるパンの特性を料理に合わせて開発した、自家製天然酵母を使ったパンは、お食事用パンとしては最高級。自家製天然酵母を使用せず「春よ恋」などの北海道全粒粉を80%使用した、「フォカッチャ　サーレ」は、小麦の味をより強く感じる白ワインやスパイスを使った料理に最適などと、イタリア、フランス料理に合うパンを進めてくれる。

飲食店への配達はもちろん、

2

1

コーヒー、ビターチョコレート、バター、くるみを練りこんだジビエやフォアグラによく合う「チョコラータ」594円（税込）

3

黒ごまなど様々なペースト入りで、食パンらしいお肉のテリーヌや加工肉に合う「グリージオ」626円（税込）

1.定番の「ブッロソフィチェ」420円（税込）のリファインフランスパンの生地にバターの香りはそのままに。
2.公園の真横にある店舗には料理人が多く来店する。
3.シンプルな店内には洋楽が静かに流れる。

美味しさが色合いでわかるほどのパンの数々

Check

- **角食焼き上がり時間　午前中～午後2時**

［一部メニュー紹介］
- **チョコラータ ¥594**
- **グリージオ ¥626**
- **ブッロソフィチェ ¥420**

※価格は全て税込

遠方からでもネット注文も可能で、ポーズパン全部セット＋1（おまけ付き）などのお得なセットもある。

INFORMATION

㊑札幌市中央区南12条西20丁目2-22
☎011-551-7775
㊒12:00～18:00
㊡水曜日、月に一度連休あり　Ⓟなし
INなし　㊮あり　㊦あり
㊯市電「西線11条」停より徒歩約5分
HPhttp://www.qtweb.com/pause/

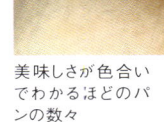

自家製天然酵母で作る クロワッサン

boulangerie ange

ブーランジェリー　アンジュ

chuoku

中央区

札幌市電のロープーウェイ入口近くの住宅街にある、素材にこだわった評判のパン屋さん。

自家製天然酵母にルヴァン種、北海道産の小麦、フランス産の岩塩、ベルギー産チョコレートとこの店でしか味わえない味が人気を呼んでいる。特にクロワッサンは知る人ぞ知るパン通に人気の一品。甘さとバターとのバランスが最高で見た目にも美味しさが溢れている。店内は数十種類に及ぶパンとウッディーでモダンな雰囲気の中、ゆったりとした気分でパンを選ぶことができる。

2

1

形も味も最高と評判の「ヌス・ボーゲン」230円（税込）

3

1.フランス伝統のパン「クグロフ」480円（税込）、240円（小・税込）
2.シンプルで木に囲まれたシックな店舗。
3.お洒落な1枚板の上に随時焼きあがったパンが置かれていく。

見た目にも美味しさが伝わってくるクロワッサン

Check

- **焼き上がり時間　午前：スコーン、クロワッサン、ヌス・ボーゲンなど**
  午後：タルト・リュスティック、フランスパンなど

［一部メニュー紹介］
- **クロワッサン ¥190**　**●ショコラオランジュ ¥200**
- **スコーン（プレーン）¥110・（ショコラ）¥130**

※価格は全て税込

人気のサクサククロワッサン生地のパン・オ・ショコラ200円（税込）は外側の生地の美味しさと中のほろ苦いチョコレートとの相性が抜群で、札幌でも屈指のクロワッサンの美味しい店と長く評価され続けている。

INFORMATION

㊟札幌市中央区南19条西14丁目2-7
☎011-563-0083
㊖10:00～19:00
㊡日曜日・祝日　Ⓟ2台
ⓘⓝなし　㊮あり　㊦なし
㊥市電「ロープーウェイ入口」から徒歩約3分
HP http://boulangerieange.web.fc2.com/index.html

札幌、円山公園にある 有機小麦100%のパン屋

円麦《まるむぎ》 本店《ほんてん》

chuoku
中央区

円麦で作られるパンは100%有機小麦粉を原料としており、そのうち半分以上は国内小麦の生産量全体の0・2%以下の希少な北海道の有機小麦粉。また、パンに入れるドライフルーツ、チョコレート、ナッツ、オリーブオイル、塩、砂糖、なども有機やオーガニックの材料を使用している。

北海道有機小麦粉を中心とし、北米、ヨーロッパの最高級オーガニック小麦粉など100%有機小麦粉を長時間熟成。酵母はドイツの有機天然酵母を使用し、卵や牛乳等も直接作り手に会い、本当に

2

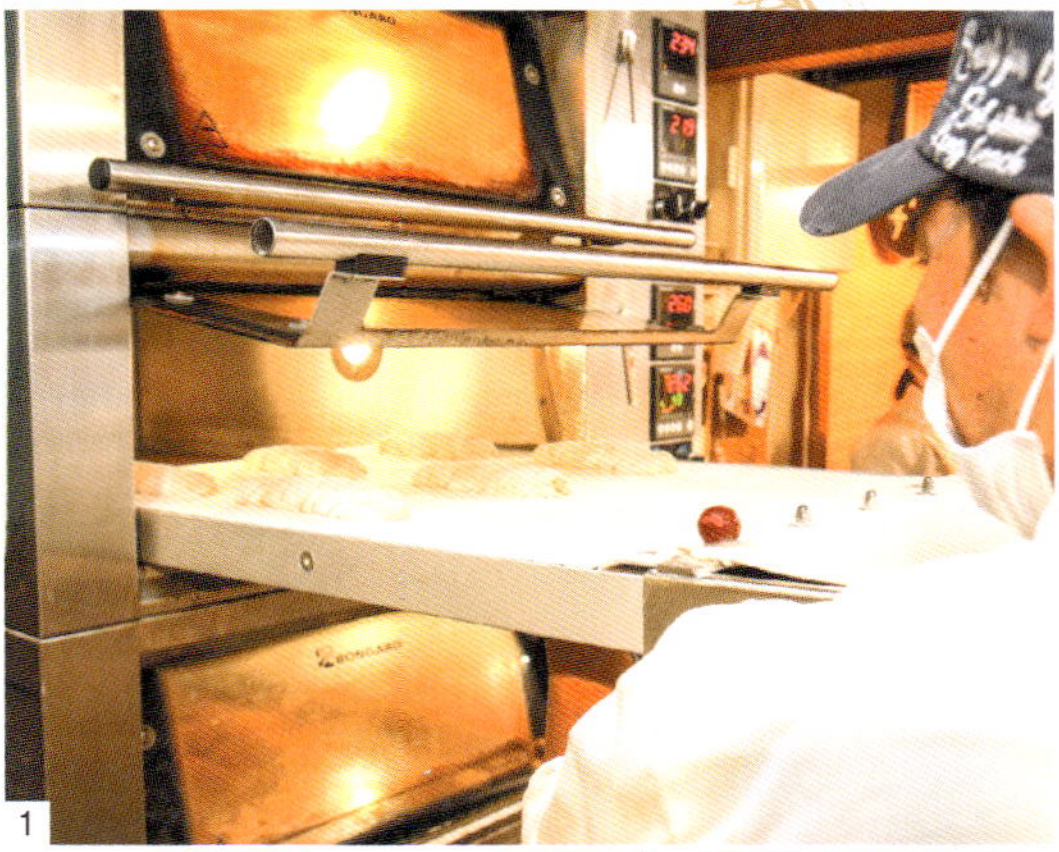
1

国産有機小麦の『ゆめちから』を中心とし、4種類の有機小麦粉をブレンドした「食パン」680円（税別）

減農薬小豆『ゆめむらさき』を炊いて作った「円麦あんぱん」180円（税別）

3

1.ひとつひとつ丁寧に焼く工程を店内から垣間見れる。
2.風格ある小さな建物がこだわりのパンの象徴。
3.コーヒーからはちみつ、ラスクまで身体にやさしい商品が展示販売されている。

パンを焼いている工房と店内との間にパン棚があり、焼きたてをすぐに店頭に出せるようになっている

Check

● 焼き上がり時間　開店直前～種類ごとに随時

［一部メニュー紹介］
● 食パン ¥680　● バゲット ¥280　● 塩バターパン ¥130
● 山川牛乳パン ¥220　● 山川牛乳クルミパン ¥280

※価格は全て税別

INFORMATION

㊟札幌市中央区南3条西26丁目2-24
☎011-699-6467　FAX011-699-6467
㊖7:00 ～ 17:00（売り切れ次第終了）
㊡月曜日、火曜日　Ⓟ3台
INなし　㊣あり
㊂なし
㊇地下鉄東西線「円山公園」駅から徒歩約3分
HPhttps://marumugi.wixsite.com/marumugi

豊かで健全な土で採れた作物を使用することで身体にやさしいパン作りを目指している。次の世代に豊かな自然を残せるような材料を出来る限り使用するという理念に多くの客が応援を続けている。

円山エリアに密着したやさしさが伝わるお店

Quatre Feuilles

カトルフィーユ

chuoku
中央区

札幌でもパン激戦区と言われる円山エリアにある中で、高評価を得続けている人気店の一つ。Quatre Feuilles（カトルフィーユ）はフランス語で「四つ葉」という意味で、店舗のマークとしても四つ葉のクローバーが使われている。円山エリアは犬を連れて歩く人も多いため、店舗前には犬を繋いでおける場所も設置しており、お客様への配慮がうかがえる。店内は焼き立てのパンの香りが漂い、対面販売でパンの説明を聞くことができ、そんな気遣いとセンスの良さが居心地の良い店内を演出している。

2

1

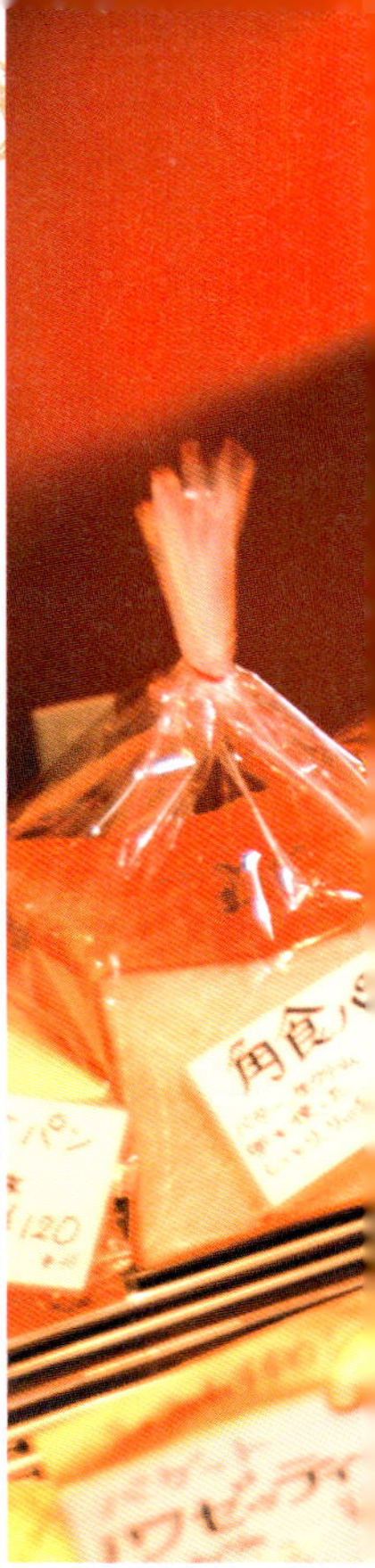
パン台に多種にわたるパンが勢ぞろい

「カレーグランプリ」の金賞も取ったことのあるスパイシーさが人気の「焼きカレーパン」240円（税抜）

「バゲットアンブルドゥミ」180円（税抜）

3

1.子供のお菓子にも人気のラスクの数々。
2.パン包丁が売られているのはこの店ならでは。
3.品の良さがわかるレンガと木の色合いが絶妙な入口。

食パンからハード系のフランスパン、さらに調理パンや菓子パンも数多く幅広い年齢層に親しまれている。

Check

- **焼き上がり時間** 10:00 ～角食パン、パゲットアンブル、クロワッサンなど
  10:50 ～パゲットトラディッション、ノア、ノアチョリソーなど
  12:10 ～パゲット
  13:00 ～ゴマあんぱんなど
  13:30 ～セーグルコンプレなど

INFORMATION

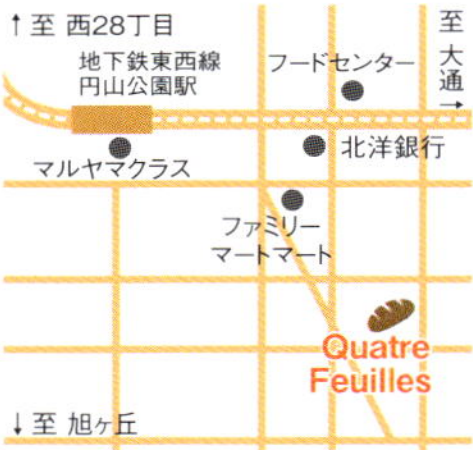

㊟札幌市中央区南3条西23丁目1-6
☎011-688-6246
㊖10:00-18:00
㊡月曜日、火曜日　Ⓟ3台
INなし　㋮あり　送なし
㋸地下鉄東西線「円山公園」駅から徒歩約7分
HP https://qf.dearest.net/
※2020年春から小樽市銭函へ移転予定

円山にある メロンパン専門店

まるやまめろん

chuoku

中央区

まるやまめろん

まるやまめろんは、パン屋激戦区「円山」エリアに2019年1月に出来たメロンパン専門店。オープン当初はテレビにも紹介され、人が殺到してしばらくの間は売り切れの状態が続いていたほどの話題の店。今でも多くの人が訪れる人気店で、札幌でもおしゃれなお店や飲食店が多い裏参道沿いに店を構える。表の看板には「1名ずつの案内となっています」のとおり、一人が店を出ると一人が入店するシステム。店内においてある商品すべてが「めろん」一色になっている珍しいお店。

主力商品ともいえる「厚皮

2

1

「厚皮めろんぱんラスク」
350円（税込）

3

1.メロンの風味を生かした食パン「めろんのかおり」750円（税込）。
2.本格めろんぱん専門店と書かれた看板が特徴的な外観。
3.種類豊富なラスクや「厚皮いちごミルクめろんぱん」350円（税込）。

一番の人気商品
「厚皮めろんぱん」
310円(税込)が並ぶ

Check

- **焼き上がり時間　開店前**

［一部メニュー紹介］
- **厚皮めろんぱん ¥310**
- **厚皮いちごミルクめろんぱん ¥350**
- **めろんのかおり ¥750**
- **厚皮めろんぱんラスク ¥350**

※価格は全て税込

INFORMATION

㊟札幌市中央区南1条西22丁目2-23
ケイキ円山1階
☎011-688-8116
㊋8:00 ～ 17:00（売り切れ次第終了）
㊡不定休　Ⓟなし
INなし　㊎なし　㊜なし
㊛地下鉄東西線「円山公園」駅から徒歩約5分
HPhttp://http://maruyamamelon.com/

めろんぱん」310円（税込）は、香り豊かなパリッと食感の厚皮クッキーが特徴。道産小麦「ゆめちから」を使ったモッチモチ感覚で甘すぎず、まったく飽きない味に仕上がっている。

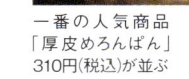

贅沢なランチがビジネス街で味わえる

Qualita

クアリタ

chuoku
中央区

地下鉄東西線の「西18丁目」駅近くのビジネス街にあるこのお店は2019年2月1日に白石から移転オープン。白石まで買いに行っていた方々が移転しても現在の場所まで買い求めに来るほどの人気店。店内は照明が暗く落ち着きのある雰囲気で、パンの良い匂いとともに店員さんお二人が笑顔で迎えてくれる。イタリア語で「良質」という意味の店名「クアリタ」の通り上品な雰囲気のなかにパンが並び、自分で取るのではなく欲しいパンを選んで店員さんが取ってくれる対面販売システムがありがたい。「二山食パン」や「あ

2

1

デザートにも合いそうな「クリームチーズデニッシュ」280円(税抜)

3

香り高いバターとサクサク食感の「パン・オ・ショコラ」240円(税抜)

1.洋風の外見とおしゃれな看板が目を引く。
2.つぶあんやイタリアンなオリジナルメニューが豊富。
3.ランチにはミニサンドのたまごサラダとハムチーズが大人気。

種類豊富な焼きたてパンが並ぶ。

Check

- 山型食パン焼き上がり時間　11:00前後

[一部メニュー紹介]
- こしあんぱん ¥180
- クリームパン ¥180
- クロワッサン ¥180
- パン・オ・ショコラ ¥240
- 塩バターロール ¥180

※価格は全て税抜

INFORMATION

(住)札幌市中央区南1条西16丁目1-242
☎011-688-9392
(営)11:00～18:30(売り切れ次第終了)
(休)日曜日、祝日　(P)1台
(IN)なし　(予)あり　(送)あり
(交)地下鉄東西線「西18丁目」駅から徒歩約8分
(HP)https://sapporo-qualita.com/

ずきフランス」など柔らかくて「良い風味のパンとコーヒーのテイクアウトで昼休みにはちょっと贅沢なランチが味わえる場所」として周辺の人々にも人気。

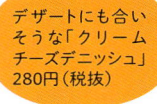

行列が途切れない
フレッシュなサンドイッチ工房

サンドイッチ工房 Sandria

chuoku
中央区

サンドイッチ工房　サンドリア

サンドイッチ工房　サンドリアは、札幌で初めて24時間営業のサンドイッチ専門店として1978年、札幌市中央区にオープンした老舗専門店。高級小麦を使用した、しっとりとソフトな専用食パンでフレッシュな具材をサンドし、新鮮でヘルシー、ボリュームたっぷりでありながら身体にやさしい手作りサンドウィッチを24時間提供し続けている。特に注目は一番人気のサンドイッチ「ダブルエッグサンド」。1日に平均200個以上製造し、お昼のピークタイムでは最も売れる店の一番人気商品。具材は北海道産の新

2

1

人気NO1.
「ダブルエッグサンド」
230円（税込）

人気NO2.
「フルーツサンド」
230円（税込）

3

1.ランチ時の飲み物とセットで買い求める人々のために種類豊富なドリンク。
2.ピンクとイエロー、グリーンが目印の店舗。
3.パンの耳がなんと1袋50円で売られている。

常時40種類以上の作り立てサンドイッチが並ぶショーケース

Check

［一部メニュー紹介］
- エッグサンド ¥190
- エッグハムポテトサンド ¥230
- 野菜ミックスサンド ¥190
- コロッケカツサンド ¥210
- ハムチーズサンド ¥230
- メンチカツサンド ¥260

※価格は全て税込

INFORMATION

㊟札幌市中央区南8条西9丁目758-14
☎011-512-5993
㊖24時間営業
㊡なし　Ⓟ7台
INなし　㊀あり　㊁あり
㊇地下鉄南北線「中島公園」駅から徒歩約15分
HP http://www.s-sandwich.com/

鮮な卵だけを使い、手作りしたふんわり卵サラダ。しっとりとしていて、キメの細かく柔らかいパンを使った作りたてのサンドイッチは、ここでしか食べられないと大人気。

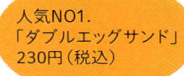

オールハンドメイドのニューヨークスタイルのサンドイッチ専門店

ハサミヤ

はさみや

chuoku
中央区

地下鉄南北線「幌平橋」と市電「静修学園前」の中間あたりに位置するニューヨークを思わせる外観の店「ハサミヤ」。店内に入るとカウンターが7席ありオシャレな椅子が並べられている。

　デザインなどもすべてオーナーが手掛け、壁に貼られたポスター、メニューとこだわりが感じられる。昔ながらのサンドイッチ、焼いたパンに挟むトーストサンド、パンに挟んで具材も一緒にプレスして焼くホットサンドの3種類の食べ方を選べ、サラダやスープなどのサイドメニューも用意。人気NO1の「B・L・T」は

2

1

「スィートチリチキン」440円（税別）や「ハムレタスチーズ」380円（税別）、「タマゴサラダ」310円（税別）はお店の定番商品

3

カウンターで出来立てのサンドイッチを食べるのは学生から家族連れまで

1.人気NO 1の「B・L・T」580円（税別）。
2.アメリカンっぽい外観通り、店内のデザインもニューヨークスタイル。
3.オリジナル商品の「プディング」240円（税別）。

Check

［一部メニュー紹介］
- ●スィート・チリチキン ¥440
- ●チョップドレバー ¥500
- ●ポテトサラダ ¥330
- ●グリルドハムチーズ ¥350
- ●プディング ¥240

※価格は全て税別

INFORMATION

㊟札幌市中央区南16条西5丁目3-13
住地ビル1F
☎011-211-0868
㊖月～金7:30 ～ 18:00
土日祝11:30 ～ 18:00
㊡水曜日　Ⓟなし
INあり　㊇なし　㊦なし
㊇市電「静修学園前」から徒歩約3分
HPなし

カリッとトーストされたパンに、焼き上げたベーコン、みずみずしいトマト、シャキシャキのレタスを挟んだアメリカンスタイルのサンドイッチ。学校も近いとあって学生たちが多く通う隠れ家スポット。

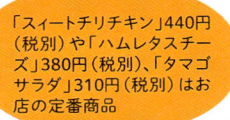

北海道の小麦で作った やさしいパンがコンセプト

窓際には食卓に合うかわいい雑貨が飾られており販売もしている

boulangerie Paume

ブーランジェリーポーム

chuoku
中央区

札幌市内に3店舗、函館に1店舗を展開するベーカリーショップで、paumeとはフランス語で「手のひら」の意味。「やさしいパンを、手のひらに」をコンセプトに手づくりのあたたかく、やさしいパンを届けることをコンセプトにしているお店。パン生地は、全て北海道産の小麦を使用し保存料・着色料等を一切使用しない、体にやさしい無添加で身体に気遣う母親やお年寄りに大好評のこだわりのパン屋さん。

干しぶどうで自家培養した100%自家製天然酵母を時間をかけて発酵させたものを使っているだけに、噛むほどに素材の持つ本来の味を感じることが出来る。帰り際には、温め時間の目安が書かれた紙を手渡してくれるほど行き届いた配慮も人気の秘密。

保存料・着色料等を一切使用しない、体にやさしいパンを提供

2

北海道産小麦を使用したパン生地はすべて無添加で、カスタードクリームなども卵、牛乳、小麦粉とすべて北海道産を使用した100％オリジナルを使用。素材の美味しさを出すことに心がけ、数種類の天然酵母を育てて使用している。店内にはオリジナルコーヒーとパンを楽しめるカフェスペースがあり、やさしいパンをゆったりと堪能でき、提供されるコーヒーは、ここでしか味わえない人気コーヒーブランド「モリヒコ」の「森彦コーヒー」をパンの香りとともに味わえる。

4

3

1

「クロワッサン」
186円（税別）

「ポムキノコ」
260円（税別）

5

1.香りだけでなく見た目にも可愛らしいパンの数々。
2.狸小路の裏通りにあるこの店は、白壁が印象的な木造建築の一角にある。
3.パンから雑貨までバラエティーに富んだ店内。
4.コーヒーからジャムまでこだわりの一品が揃う。
5.この店の店長村上直美さん。店のイメージ作りも大切と笑顔で迎えてくれる。

INFORMATION

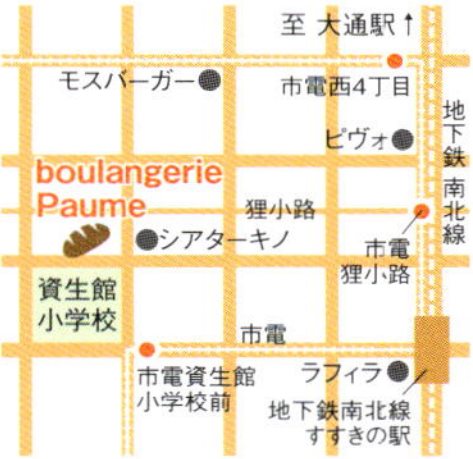

㊓札幌市中央区南3条西7丁目
Kaku imagination 1F
☎011-231-0024　FAX 011-231-0024
営11:00～19:00
㊡ 月曜日（祝日は営業）・火曜日　Ⓟなし
IN あり　㊨あり　送なし
交地下鉄南北線「すすきの」駅より徒歩約10分
HP http://paume-style.jp/index.html

Check

- 焼き上がり時間　午前中

［一部メニュー紹介］

- 生ハムとクリームチーズ ¥186
- チョコとバナナのキャラメリゼ ¥260
- デニッシュ食パンショコラ ¥325
- パンオショコラ ¥232
- フランス食パン ¥260

※価格は全て税別

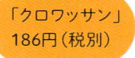

住宅地の中にたたずむ
隠れ家パン屋さん

店舗入り口横には木のテーブルとイスが置かれ、天気の良い日の木漏れ日がたまらない

ぱんらく

ぱんらく

Kitaku
北区

ＪＲ新琴似駅から徒歩で約５分ほど歩いた住宅街の真ん中に個人宅の敷地に「ぱんらく」はある。木でできた看板を見逃すと通り過ぎてしまいそうなほど、住宅街の中の個人宅の敷地にある。門を入ると左には親族が経営するｃａｆｅ「ＷＡＷＡ」があり、その奥に山奥にあるコテージを思わせる「ぱんらく」がある。

花に囲まれた建物は独特の癒しの雰囲気を感じさせ、店内も木を基調としたレジテーブルやパンテーブルがあり、ログハウスのような解放感を感じさせる。装飾も自然をイメージするものが多く、母親と一緒に買い物に来る子供に大好評。地域密着に徹底した幅広い年齢層に愛され、一度来ると必ずと言っていいほどリピーターになる知る人ぞ知る隠れ家的パン屋さん。

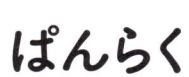

道産小麦「春よ恋」を使った角食は　やみつきになる食感

2

店内からは、パンを焼いている工房を見ることができる。一番人気は角食で、日によっては予約しないと開店後すぐに売れ切れてしますことが多いほど。ハード系パンから調理パンまで10種類から15種類くらいがびっしりと並び、日によっては海老グラタンハッシュドビーフや自家製カレーラタトゥーユなどの「グラタンパン250円」（税込）や有機レーズンを使用した「レーズンパン500円」（税込）などのオリジナルパンも豊富にあり、これからのメニューも期待できそう。

3

4

明太子がたっぷり入った「明太フランス」170円（税込）

「クロワッサン」230円（税込）

1

1.人気NO1の角食。1本500円（税込）半分250円（税込）。
2.敷地を出た道路沿いにある緑に囲まれた看板。
3.建物が緑に覆われて、中に入るまでは不思議な感覚になる。
4.同じ敷地内にあるcafe「WAWAWA」。

INFORMATION

(住)札幌市北区新琴似10条3丁目2-5-2
☎011-300-0324 FAX 011-300-0324
(営)10:00 ～(無くなり次第閉店)
(休)水曜、木曜、祝日 Ⓟ10台
(IN)なし (予)あり (送)なし
(交)JR「新琴似」駅から徒歩約5分
(HP)なし

Check

- 焼き上がり時間
  10:00 ～種類ごとに

［一部メニュー紹介］
- クロワッサン ¥230
- スモークパン ¥230
- オールドバケット ¥230
- フリュイ ¥230
- バターカンパニュー ¥250

※価格は全て税込

北海道産素材にこだわった 贅沢な食事パン

日当たりのいい店内はゆったりできる雰囲気の広さ。

BAKERY & Cafe ambitious

Kitaku
北区

パン工房　あんびしゃす

札幌市北区篠路の住宅街にあるこの店は、パンランチも楽しめる令和元年5月にオープンしたおしゃれなカフェ風パン屋さん。北海道の小麦にこだわった角食パンを5～6種類販売し、焼きたてのパンを食べることのできるこだわりのセットメニューも4種類味わえる。昼時には年配のご夫婦や小さなお子様連れの主婦が店内でくつろげる快適な空間を提供している。

普通のパン屋とは少し違い社会福祉法人が運営するお店で『就労継続支援事業所』として障がいのある方の就労をサポートしています。「美味しいパンを食べてゆったりくつろげる」がぴったり合う明るい店内や、広く利用しやすい駐車場と、一度来るとパンの美味しさだけでなく心地よい空間がくせになる。

もちもちした食感と小麦の香りがたまらない

2

店内に並ぶのは道産小麦「はるゆたか」を使った数種類の角食パン。口に入れると北海道産の牛乳、バター、生クリーム、はちみつの味が口の中に広がり独特の食感が美味しさを引き立てる。

その味をその場で味わえるセットメニューの「あんびしゃすAセット」、サラダ・ウィンナーがついた「あんびしゃすBセット」、半分はチーズをのせてもう半分はバターやイチゴジャムで味わえる「山型食パンセット」、人気の黒糖パンを焼かずにそのまま味わえる「黒糖パンセット」が楽しめる。

3

店NO1の人気商品
「あんびしゃす」
2斤900円（税込）

トッピングが人気の
「山形パンセット」
650円（税込）

1

1.次々と焼きあがった順にならぶ焼きたてパン。
2.一人で来てもゆったりできるおしゃれなカウンター。
3.使いやすい駐車場を完備したゆったり感を感じる外観。

INFORMATION

㊟札幌市北区篠路1条2丁目1-2
☎011-299-1445　FAX011-000-0000
㊖10:00 ～ 17:00
㊡日曜日～火曜日　Ⓟ13台（無料）
INあり　㊄なし　送なし
㊫地下鉄南北線「麻生」駅から車で約15分

Check

● 角食焼き上がり時間
オープン30分前

［一部メニュー紹介］

● あんびしゃす 2斤 ¥900
● 山型パン 2斤 ¥550
● 黒糖パン 1斤¥ 350

※価格は全て税込

北海道産小麦を使い、身体にやさしいパンを提供するお店

Bäckerei 島田屋

ベッカライ しまだや

Kitaku
北区

札幌市北区地下鉄南北線「北24条」駅から新川方面に行く途中の住宅街の中にあるお店。札幌北高校のグランドの裏手に沿った通りに面しているが、この辺は区画が入り込んでおり要注意。店内には小さなイートインスペースもあり購入したパンをトースターで焼いてその場で食べることができる。道産小麦100%で作るパンは、子供も安心して食べれるようにアレルギーの相談にも気軽にのってもらえる。クルミ入りのフランスパンでしっとり、もちもちとした食感がたまらない「パン・オ・ノア」430円(税込)や

2

1

3

ライ麦全粒粉75%のコクのある味の「フォンコンブロート」(ハーフ)400円(税込)

ゴマの香ばしさが身体にやさしいドイツパンの「フロッケンセザム」630円(ハーフ)(税込)

1.子供のおやつに人気の「ガーリックラスク」230円(税込)。
2.店内には日の当たる場所に植物が置かれ、憩いの場所。
3.緑の建物に赤い店舗入り口が目印。

風格あるショーケースのパンを運ぶ木の人形がアクセント

Check

●焼き上がり時間　9:00 ～

[一部メニュー紹介]
●食パン ¥310　●イギリスパン ¥330
●レーズンブレッド ¥430　●バターロール ¥380

※価格は全て税込

INFORMATION

㊟札幌市北区北27条西10丁目5-1
☎011-707-7001
㊮9:00 ～ 17:00
㊡月曜日、火曜日　Ⓟ3台
INあり　㊄あり　送あり
交地下鉄南北線「北24条」駅から徒歩約15分
HPなし

たっぷりチーズにピリッと粉コショーのアクセントが絶妙な「チーズドック」240円(税込)など子供から大人までが喜ぶメニューが盛りだくさんのお店。

道産小麦や天然酵母を使用したパンが地元に愛されている

Peace Bakery

ピースベーカリー

Kitaku

北区

札幌市北区新琴似の住宅街にあるパン屋さん。柔らかいパンから硬いパンまで約50種類を焼き上げている。生クリームを使用した食パンや、発酵バターのクロワッサン、自家製カスタードが特徴のクリームパンなど人気のパンが豊富で、店内は地域の人が開店から入れ替わりに賑わっている。特に「ふんわりクリームパン」は自家製カスタードを使用したシュークリームのようなクリームパンで人気NO1。他にも卵、バターを使用していないモチモチのパンで米粉を使用した優しい味わいの「お米パン」。プレーン味、チョコ、

「ベーコンモッツァレラ」
210円(税込)

「ベーコンエッグ」
168円(税込)

発酵バターを使用した人気のクロワッサン。リピーターが多い商品の一つ

1.広くて清潔感のある店内。お洒落な装飾にも穏やかな雰囲気を感じる。
2.惣菜パンも豊富にあり、バラエティーに富んだメニューがうれしい。
3.交通量の多い新琴似4番通りに面した店舗。青く縁どられた入口が目印。

Check

- **焼き上がり時間　9:00 ～種類ごとに随時**

[一部メニュー紹介]
- **ピース食パン 1本 ¥750・ハーフ ¥375**
- **ふんわりクリームパン ¥126**
- **発酵バタークロワッサン ¥136**

※価格は全て税込

INFORMATION

㊟札幌市北区新琴似8条7丁目2−6
共栄ビル1F
☎0111-763-0792
㊕9:00 ～ 18:00
㊡水曜日　Ⓟ2台
INなし　㊇あり　㊮なし
㊫JR学園都市線「新琴似」駅から徒歩約7分
HP https://peace-bakery.amebaownd.com/

レモンなど味が数種類あり、バターを使用していないのであっさり食べやすい「スコーン」。創業当初より地域密着を心掛けてきたこの店は、もはやこの地域には欠かせない存在だ。

日本最大級サイズの
コッペパン専門店北海道初上陸

Kitaku
北区

でぶぱん

でぶぱん

キャッチーなコピーと、愛らしいロゴマークがシンボルの「でぶぱん」。地下鉄「麻生駅前の五叉路に突如出現する、大きな壁面看板が目印のコッペパン専門店。一般的なコッペパンよりもひと回り大きく、形もずんぐりむっくりとしたロゴマークに似たオデブなところが特徴。店内は2〜3人ほどしか入れないが開店前には、地下鉄麻生駅周辺がざわつくほどの行列をなす、今や麻生界隈で有名なお店。中でも自信作とうたっている「でぶぱん1号」はクリームチーズとたっぷりのホイップクリームに甘酸っぱいいちごジャムをトッ

2

1

3

人気NO1！甘みとコクと酸味のバランスが絶妙の「でぶぱん1号」280円（税込）

1.オーダーを受けてから目の前で作ってくれる。
2.地下鉄麻生駅を外に出ると目に入る大きな看板。
3.店内に入るとやさしいスタッフが購入の仕方を親切丁寧に教えてくれる。

「でぶぱん1号」とならぶ人気の「デブパンMAX」496円（税込）

Check

［一部メニュー紹介］
- 焼きチーズカレー ¥388
- 白身フライ ¥410
- 厚切りソースカツ ¥432
- 雪塩ミルククリーム ¥237
- 北海道あん ¥172
- 手作りカスタード ¥237

※価格は全て税込

INFORMATION

住 札幌市北区北40条西5丁目5-30
☎011-788-6585
営 10:00～19:00
休 不定休　P 提携駐車場あり
IN なし　予 あり　送 なし
交 地下鉄南北線「麻生」駅徒歩約1分
HP https://www.debupan.com/

ピングした満足感間違いなしの逸品。他にもコッペパンの中身が充実したメニューが30種類近くもあり、大きさもさることながら具材にもこだわったものばかり。

バラエティー溢れる メニューの豊富さが大人気

ブーランジェリー ぱん吉

ぶーらんじぇりー　ぱんきち

Kitaku
北区

札幌中心部にある北海道大学の正門近で、札幌駅から徒歩5分と便利性のいい場所にある「ブーランジェリーぱん吉」。ハード系パンなどの数々が豊富に揃い、店内はバラエティーに富んだパンが並んでいる。

カンパーニュにテリヤキチキン・オニオン・マスタード・マヨネーズ・2種のチーズをのせて焼いた「てりやきチキンのタルティーヌ」300円(税込)や、秋・冬限定の甘さ控えめのサツマイモクリームを使った「クロワッサンスウィートポテト」250円(税込)などオリジナルの商品が多く、気

季節限定のパンで発酵バター使用のサクサク生地「クロワッサン シトロン」220円（税込）

1.お店でNO1を争う「クロワッサンスウィートポテト」250円（税込）。
2.焼きたてのパンには赤い札が付き、すぐにわかる親切さも人気の秘密。
3.レンガ造りと緑のテントがオシャレな外観。

角食は入って左側にあり、真ん中のテーブルと右の棚にはオリジナルパンが勢揃い

Check

- **焼き上がり時間　種類ごとに9:00 ～ 12:50**

【一部メニュー紹介】
- **ディッシュショコラ ¥210**
- **クロワッサンセサミ ¥200**
- **クロワッサンフロマージュ ¥200**
- **デニッシュエッグサラダ ¥260**
- **タルトフィグショコラ ¥230**

※価格は全て税込

INFORMATION

㊟札幌市北区北8条西4丁目18
☎011-756-6230
㊫9:00 ～ 19:00（売り切れ次第閉店）
㊡日曜日・月曜日　Ⓟ2台
[IN]なし　㊇あり　㊮なし
㊌札幌駅北口より徒歩約5分
[HP]なし

になる目玉商品満載。ジューシーなあらびきソーセージを丸ごと1本はさんだ「ソーセージドック」320円（税込）などボリューム満点の商品も多く、近隣の若者の間でもポピュラーな店。

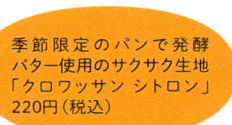

バラエティなパンにあふれる
アメリカンテイストな雰囲気が人気

種類豊富なパンの後ろにはアメリカを感じさせる雑貨が飾られている

BREAD SHOP DAD'S BAKE

ダッズベイク

Kitaku
北区

札幌市北区篠路の住宅街にあるＤＡＤ'Ｓ ＢＡＫＥ。店内はアメリカンテイストで雑貨や飾りが住宅街とは思えない別世界を思わせる。60種類以上のパンがきれいに並べられ、店主こだわりのオリジナルパンが多数。中でも定番食パンの「パン・ド・ミ」は職人の技術の結晶。耳まで食べられると評判のパンで長時間発酵、添加物不使用で作られた香ばしい焼き色にミルキーな風味で子供からお年寄りまで幅広い年齢層に親しまれている。幅広い風味豊かなパンが揃っていて、こだわった素材を厳選して使用していることがわかる。特注のパンの相談も可能で、パーティーなどに最適な「ミニミニセット」や食事制限がある方のためのパンなど、常に要望に沿った商品を手作りしてくれる。

身体にやさしいパンを
お客様とともに

2

「お客様から必要とされる店でいたい」との願いが、お店の商品や店主の熱心な努力に表れている。菓子パンから食事パンまで材料にこだわった作り方は、常に研究を絶やさずお客様のニーズを大事にしている事がよくわかる。食事パンの「パン・ド・ミ」に始まり、フランスパン、ライ麦パン、調理パン、菓子パン、クロワッサン、サンドイッチなど幅広い種類にこだわりを見せるパンは、食べると納得の味ばかり。

3

プチコーンパンにベーコン、たまごサラダ、ツナサラダをはさんだ「トリプルサンド」300円（税込）

エビのカクテルがたっぷりの「シュリンプサンド」280円（税込）

4

1

1.店内には香ばしい匂いが漂い、アメリカンな雰囲気も。
2.個性的な外観で、混雑時のため外にウエイティング用のイスがある。
3.ブラックココアを練りこんだ生地に、ベルギーのチョコチップを巻き込んだ「ショコラブレッド」380円（税込）。
4.全粒粉入りのソフトフランスの「オランジュショコラ」180円と周りのチーズがカリッとたまらない「チュイル」160円（税込）。

INFORMATION

㊟札幌市北区篠路1条9丁目-1-6
☎011-557-3835　FAX011-557-3835
㊟平日／9:00～19:00
土日祝／8:00～18:00
㊡月曜日（祝日の場合火曜日）　Ⓟ5台
INなし　㊀あり　㊁なし
㊂JR学園都市線「篠路」駅から車で約5分
HPなし

Check

- 焼き上がり時間
開店時から随時

［一部メニュー紹介］
- パン・ド・ミ（1斤）¥320
- バゲット ¥220
- ベイクドカレー ¥170
- クロワッサン ¥130
- メイプルトースト ¥150
- チキンとごぼうのフォカッチャ ¥250

※価格は全て税込

道産小麦と白神こだま酵母の もっちりベーグル＆ドーナツ

色とりどりの豊富な種類が揃うドーナツ

kenon

ケノン

Kitaku
北区

札幌市北区新琴似の住宅街にあるｋｅｎｏｎ。ベーグル＆ドーナツは道産小麦を使用しており、テイクアウトはもちろん、店内でゆっくりとくつろぎながら食べることもできる。お土産に、ちょっとした休憩に、ランチにと天気の良い日はテラスで楽しむことが出来る数少ないベーカリー。

白を基調としたスタイリッシュなカフェ風の建物を入ると、色とりどりの可愛いドーナツ＆ベーグルがお出迎え。手作りの雑貨も飾られており販売も兼ねている。姉妹店にカレー専門店もあることからカレーを生かしたパンも魅力の一つ。身体に気を使った雑穀パンもあり、ナチュラル素材がふんだんにつまって体にやさしいヘルシーベーグルも子供からお年寄りまで幅広く親しまれている。

ロコミで広がった身体にもやさしいお洒落なベーカリー

2

住宅街にあり、センスアップされた空間が漂う店内には、姉妹店「カリー屋梵」のルーカレーを使用している辛口でスパイシーな「梵カレー」２３０円（税抜）や中にたっぷりの玉葱が巻き込まれ、ほんのりガーリックが玉葱の甘さを引き立てている「オリーブオニオン」２１０円（税抜）をはじめ、３種のナッツとキャラメルクリームをが美味な「なっつきゃらめる」２１０円（税抜）、ブルーベリーと相性抜群のクリームチーズが特徴的な「ブルーベリークリームチーズ」２２０円（税抜）など人気のパンが並ぶ。

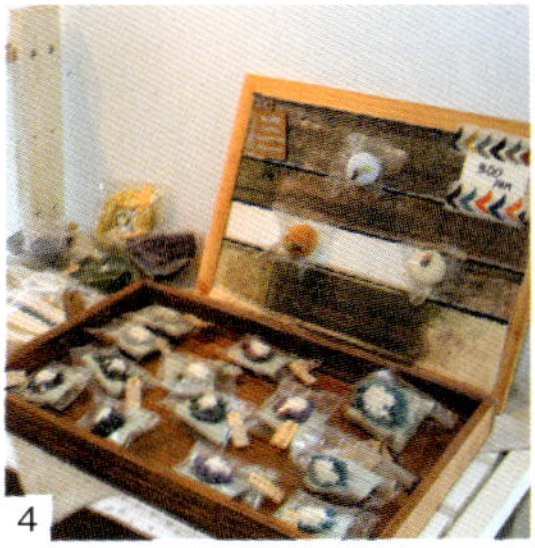

4

3

1

「シナモンアップルとレーズン」
220円（税抜）

5

「カシスオレンジ」
220円（税抜）

1.色鮮やかなベーグル&ドーナツ。
2.かわいい装飾が特徴のイートインスペース。
3.入口はカフェのような雰囲気。
4.自家製オリジナルの雑貨の数々。手ごろな値段も人気の一つ。
5.子供に大人気のドーナツは大人も虜にしてしまう。

INFORMATION

㊟札幌市北区新琴似5条12丁目5-17
☎011-763-5646　FAX011-763-5646
営8:00 ～ 18:00
㊡日曜日、その他不定休あり　Ⓟ3台
INあり　予あり　送なし
交地下鉄南北線「麻生」駅から車で約15分
HPhttps://kenon.jimdo.com

Check

●焼き上がり時間
8:00 ～ 10:00
［一部メニュー紹介］
●グラハム ¥180
●ごまあん ¥210
●プレーンドーナツ ¥160
●さつま芋きなこドーナツ ¥200
※価格は全て税抜

創業当時からの手作り製法が
愛され続ける老舗パン屋

店内は広く両端と真ん中のテーブルには隙間なく170種類のパンが並べられている

フレッシュベーカリー ノア 本店

ふれっしゅべーかりー　のあ　ほんてん

Kitaku
北区

フレッシュベーカリーノアは1989年札幌地下鉄南北線「北24条」駅のすぐ近くに、オープンした老舗のパン屋さん。惣菜パンや菓子パンなど多種多様な商品を取り揃え、創業時から30年間作り方を変えず、その製法は近隣の方だけでなく郊外の人々にも親しまれている。特に惣菜パンの種類が多い理由は、創業から色々なパンの開発に取り組み、試行錯誤を繰り返してきた結果のようだ。食べた人が美味しいと言ってもらえるパンを作りたい、という素朴な願望から地元のお客様に支えられ現在の品数に至っている。

とにかく「おいしくパンを食べて頂きたい」という思いからパンの保存方法や温め方、冷凍解凍方法を研究し、お客様に伝え続けている。まだまだ進化し続けているお店のこれからにも期待したい。

独自の製法で地域に根ざした手作りパン

2

創業から一番人気の「豆パン」はなんとお得感いっぱいの45円(税別)で販売している。まとめて購入される方も多く、創業以来お店の人気NO1のパン。毎日の食卓やおやつ、夜食、会合等での団らんなどに手軽に食べてほしいというパンは　毎日食べても飽きないよう様々な種類があり味も見た目も楽しめる。子供たちに人気のキャラクターパンから、ゆでたまごを丸々1個ベーコンで包んだ「ゴジラのたまご」など、見た目の良さと美味しさを両立したパンが店内に勢揃いしている。

4

3

5

1

創業から人気の「まめパン」45円（税別）

ゆでたまご1個入りの「ゴジラのたまご」120円（税別）

1.お店の歴史を感じる木の棚には焼きたてのパンが並ぶ。
2.白く清潔感のある外観。ビルの1F に奥まって入口があるため、大きな旗を目印に。
3.アンパンマンやくまさんなどのキャラクターパン。
4.様々な具材のサンドパンはランチ時には大好評。
5.同店の店内に飾られたロゴマーク。

INFORMATION

㊟札幌市北区北25条西5丁目1-21
☎011-709-1548
㊖7:30 ～ 20:00
㊡金曜日　Ⓟなし
ⓁNなし　㊀あり　㊁なし
㊇地下鉄南北線「北24条」駅より徒歩約3分
ⒽPhttp://noa-pan.com/

Check

● 焼き上がり時間
8:30 ～ 11:30の間随時

［一部メニュー紹介］

- ●ノアブレッド（4枚入り）¥213
- ●ノアブレッド（サンド用）¥213
- ●胚芽イギリスパン ¥340
- ●ゴジラのたまご ¥120
- ●まめぱん ¥45
- ●ミニクロワッサン（200g）¥250

※価格は全て税別

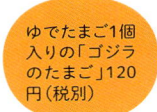

添加物・保存料なしで作るパンはお客様へのやさしさ

モクモクベーカリー

Kitaku
北区

もくもくべーかりー

モクモクベーカリーは北大の近くにある2016年に出来た小さな可愛らしいパン屋。北海道大学病院も近く、地下鉄南北線の「北12条」駅から徒歩約5分くらいの行きやすいお店。北海道産の小麦を使い添加物・保存料なしで作る身体へのやさしさがこもったパンが好評を呼んでいる。煙突から出ている煙がパンの形をしているロゴがかわいいと学生たちにも人気で、ひとつひとつ丁寧に焼き上げるパンのファンが年々増え続けている。店内はパン屋さん特有の甘い香ばしい香りが立ち込め、定番商品のクロワッサンからパン・

2

1

発酵バターを使用した「クロワッサン」160円（税抜）

3

食事用のパンからハード系や惣菜パンまで選べる身体にやさしいパン屋

1.子供から大人まで人気の「明太チーズ塩パン」150円（税抜）と「塩パン」110円（税抜）。
2.さわやかなグリーンとクリーム色のテントが目印。
3.パリパリでジューシーな「カラアゲ」1個90円（税抜）目当ての客もいるほどの目玉商品。

Check

- **焼き上がり時間　開店直前から随時**

［一部メニュー紹介］
- **ピロシキ ¥160**
- **カレードーナツ ¥130**
- **クロワッサン ¥160**
- **メロンパン ¥170**
- **クランベリーアーモンドチョコ ¥190**

※価格は全て税抜

オ・ショコラ、クリームパンにアンパンもあり、種類豊富なメニューが人気。ネットでも丁寧に作られたパンという口コミが多くなっている。

INFORMATION

㊟札幌市北区北13条西3丁目2-27
☎011-768-7884　FAX011-768-7884
㊢月曜～金曜 11:00～18:00（水曜日は16:00まで）、土曜日 11:00～14:00
㊡日曜日、祝日　Ⓟなし
INなし　㊀あり　㊇なし
㊇地下鉄南北線「北12条」駅から徒歩約3分
HPなし

パンの概念を革新する
新しいベーカリー

工場に隣接する「角食ラボ」はお洒落なプレハブ造り。店内は工場と行き来できるよう造られている

角食 LABO《かくしょくらぼ》

Higashiku
東区

角食ＬＡＢＯは主食である「角食」を主力商品にすることにより、高い意識をもって研究・製造を続けていくことからこの名が付けられた。道産小麦をはじめ使用する食材にこだわるのはもちろんのこと、ヨーロッパで歴史あるメーカーの製パン機器を導入するなど、製法にもこだわって日夜美味しいパン作りを研究している。特に製法にもこだわっている角食ＬＡＢＯのパン作りは、小麦粉をミキサーへ送るところから始まり、10にものぼる工程を経て食卓に並ぶことができる。焼きたてにもこだわり、工場直結の店舗の利点を生かし、ハード系のパンを「一日最大12回」、クロワッサンに限っては「1時間に2回」のペースで焼いており、いつでも「焼きたてパン」を手にすることができる。

北海道と世界の厳選素材を使った新しい北海道の角食

2

角食ＬＡＢＯのパンは、お客様の要望に応え様々な種類のパンを製造、販売している。道産小麦の「ゆめちから」と「きたほなみ」を使用し、道東中標津の養老牛牛乳・道産の生クリーム・バターをミックスしたリッチな味わいの「寶～ＴＡＫＡＲＡ～」（角食）。モチモチとした食感の和風パン・ド・ミの「馨～ＫＡＧＵＷＡ～」（山食）、北海道産の小麦「はるゆたか」をメインに細挽きライ麦粉と石臼挽き全粒粉の３種類の小麦を使用した「バゲット　パン・ド・トロワ」などバラエティーに富んでいる。

4

3

中標津の養老牛牛乳・道産の生クリーム・バターをミックスした配合でリッチな味わいの「寶～ TAKARA ～」2斤700円（税込）

5

1

1.紹介しきれないほどの角食パンの数々が店内のいたるところに並べられている。
2店舗から1歩奥に入るとフランス製のデッキオーブンが休む間もなく動き続けている。
3.ひとつひとつ丁寧に焼く姿は、パンに込められた熱意さえも感じる。
4.プレーンからチョコ、オレンジまで4種類の「マフィン」も販売している。
5.お土産や贈り物にも喜ばれるギフトセットも充実。

INFORMATION

㊟札幌市東区東苗穂10条2丁目19番20号
☎011-791-2115
㊕平日：10時～16時
土曜日：9時～12時30分
㊡日曜日、祝日　Ⓟ8台
INなし　㊀あり　㊁なし
㊇地下鉄東豊線「元町」駅から車で約10分
HPhttps://ariadne-gr.com/

Check

- 焼き上がり時間
開店直前～随時

［一部メニュー紹介］
- 馨～KAGUWA～（2斤）¥600
- イギリスパン（1.5斤）¥300
- フィグレザン ¥200
- 究極のくるみパン ¥350
- まめ食パン ¥500

※価格は全て税込

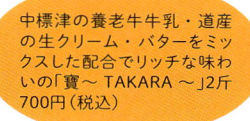

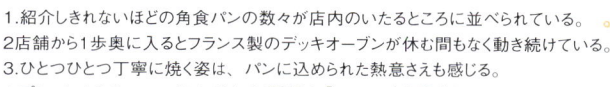

100種類にも及ぶ オリジナルパンが大人気

Higashiku
東区

BAKERY fLUSH SOUND

ベーカリーフラッシュサウンド

札幌市東区の住宅街にある種類豊富なパンが並ぶ人気店。開店と同時に多くの客が訪れ、週末限定で商品提供される、道産小麦を熟成させて焼き上げた小麦の引き立つ味わいのバケットや、道産「キタノカオリ」を使用し[illegible]でしっとりしたパンなど、店主のオリジナルパンがパン好きの心をくすぐる。

食パンも、雑穀食パン、イギリス食パンなどがあり他店では見られない希少さが人気のポイント。土日限定の商品も多く、休みの日には焼きたてのパンを求め男性客も多く訪れる。石臼挽き粉入り「フ

2

1

週末には100種類に及ぶオリジナルパンが並ぶ店内

チキン、玉ねぎを梅マヨネーズで和え、雑穀食パンに青しそをひきベシャメルソースをぬった「梅しそチキンのクロックムッシュ」220円(税別)

自家製クルトンを衣につけてカリッと揚げた「チーズカレードーナッツ」160円(税別)

3

1.イギリスパンなどの数種類の角食が並ぶ。
2.人気の焼きたてフランスパンは220円(税別)とリーズナブル。
3.シックでおしゃれな入り口には混雑時ウエイティングできるベンチも。

Check

- 角食焼き上がり時間　9:00 ～

［一部メニュー紹介］
- 贅沢厚切りベーコンスライス ¥240
- トマトカレー ¥180
- ガーリックフランス ¥120
- クロワッサン ¥140
- ハニートースト ¥160

※価格は全て税別

INFORMATION

住 札幌市東区北27条東6丁目1-1
☎011-299-9003
営 9:00 ～ 18:00(商品がなくなり次第終了)
休 月曜日、不定休　P 3台
IN なし　予 あり　送 なし
交 地下鉄南北線「北24条」駅から徒歩20分
HP なし

ランスパン」220円(税別)はシチューやチーズフォンデュに相性ぴったり。一度足を運んでみたい店の一つ。

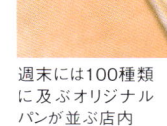

バターと小麦の香りが抜群の手作りクロワッサン専門店

コンガリーナ

こんがりーな

higashiku
東区

札幌市東区の住宅街の真ん中にあるクロワッサン専門店「コンガリーナ」。3～4人が入れるくらいの小さな店はクロワッサン専門店としても評判の店だが注目はその価格にもある。お手頃価格の1番人気の「コンガリーナ」はなんと105円（税抜）、約10種類の小麦粉に4種類のバター、北海道牛乳を使用し、外側のサクサク感と中の密度がびっしりのふあふわ感で行列のできる店としても知られている。他にも具を入れた調理系クロワッサンから、菓子パン系クロワッサンまでさまざまな味が楽しめ、クロワッサン食パンや

2

1

「北海道クロワッサン」
195円（税抜）

「コンガリーナ
クロワッサン」
105円（税抜）

3

1.子供に大人気の中にクリームが入った「クリームホーン」155円～（税抜）。
2.小さなクロワッサンがいくつも入った子供のおやつに最適な「ミニクロワッサン」135円～（税抜）。
3.大きなガラスに木とコンクリート打ちの壁がスタイリッシュな感じを演出する外観。

香ばしい色に焼けたクロワッサンが30種類以上並ぶ

Check

- 角食焼き上がり時間　①11:00、②13:30　（予約がオススメ）

［一部メニュー紹介］
- コンガリーナクロワッサン ¥105
- 北海道クロワッサン ¥195
- 全粒粉クロワッサン ¥155
- ベーコンマヨクロワッサン ¥185
- ビッグハーブフランククロワッサン ¥175

※価格は全て税抜

INFORMATION

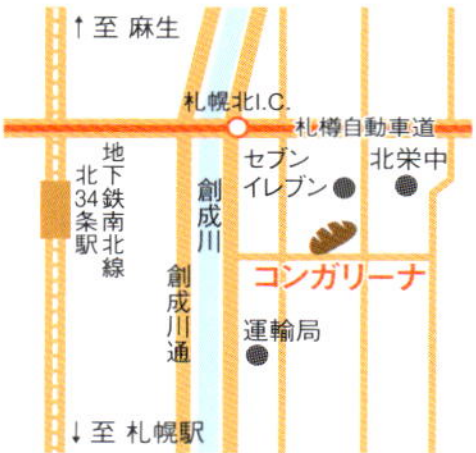

㊟札幌市東区北31条東1丁目6-18
☎011-299-2124　FAX 011-299-2124
㊋11:00 ～ 17:00（パンが売り切れ次第、早く閉店する場合もあります）
㊡日曜日・月曜日・祝日　Ⓟ4台
IN なし　㊀あり　㊇なし
㊋地下鉄南北線「北34条」駅より徒歩約9分
HP http://www.congari-na.com/

デニッシュも含めてバラエティ豊かな味が楽しめる。

　小さなお子様でも安心して食べれるパン作りを心掛け、添加物・保存料は極力使わず、安心安全なパンを提供し続けている小さな名店。

北海道産の小麦を使用した もちもち食感の小さなベーグル屋

nan's bagel

ナンズベーグル

Higashiku
東区

nan's bagelのベーグルは「牛乳・卵・バター」を使用していないのが特徴。基本材料は、小麦粉・きび糖・塩・オリーブオイル・イーストで、菓子パンやデニッシュなどと比べ、低カロリーでとてもヘルシ。

ベーグルとは、焼く前に「ゆでる」という行程があるパン。ゆでることで、ベーグル特有のもちもちっとした食感になり、ゆっくりとよく噛んで食べることで、腹もちの良さも魅力。また、子供のあごの運動や歯固めとしてもおすすめだと言われている。

お店には通常ベーグル約10

2

1

ブラックココアパウダーを練りこんだビターなベーグル生地で、甘みのある小粒なチョコチップを巻いて焼き上げた「ビターショコラ」220円（税込）

3

1.特別メニューを季節に似合うシチュエーションで販売。
2.周りにはホーマックなどの量販店が揃う中、遠方からもファンが訪れる。
3.こだわりの焼き菓子（ラスク）も魅力満載。

種類豊富なベーグルが並ぶ店内

Check

- 焼き上がり時間　開店に合わせて

［一部メニュー紹介］
- おすすめNO1！プレーン ¥170
- Baby ベーグル ¥180
- 抹茶大納言 ¥220
- いちじく&クルミ ¥210
- 大粒ピーナッツのクリームサンド（冬季限定）¥220

※価格は全て税抜

INFORMATION

㊟札幌市東区北10条東4丁目2-52
☎070-5619-0329
㊒11:00～18:00
㊡月曜日、火曜日　Ⓟなし
INなし　㋮あり　㊮なし
㋙地下鉄南北線「北13条」駅徒歩約5分
HPhttp://nansbagel.net/

種類のほか、クリームチーズサンドや焼き菓子も数種類あり、季節ごとの美味しい食材を使用したベーグルやマフィン、また、お店がおすすめするスペシャルメニューを期間限定で提供している。

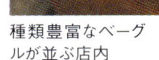

100種類ものパンが揃う
地域密着の人気店

イソップベーカリー 本店

いそっぷべーかりー　ほんてん

Higashiku
東区

レンガ色の外壁にウッディーな店内は温かみのある雰囲気。住宅地にあり、周りには学校も多いことから学生にも愛され続けてもう20年。店内はこぢんまりとしているが、その分スタッフとの距離も近く、親切にやさしく対応してくれる。素材にもこだわり、月平均1万個売れるクロワッサン(パリの朝)が美味しい店と色んな雑誌やテレビ、グルメサイトなどでも紹介されていて評判が高い。1日に何度もパンを焼き上げていて、午後でも焼きたてのパンが食べられるのも人気の一つ。惣菜パンから角食やキャラクター

2

1

かなり大きめのクロワッサン「パリの朝」260円（税抜）はお店の看板商品

3

1.口どけなめらかなクリームを増量してリニューアルした「自家製カスタードクリーム」150円（税抜）。
2.レンガ調の個性的な外壁のお店。
3.焼き上げるともっちりとしたトースト向けの「オリジナル角食」1本780円（税抜）。

ウッディーな店内に人気のパンが100種類

Check

- **角食焼き上がり時間　午前・午後随時**

［一部メニュー紹介］
- **塩パン ¥100**
- **スィートパリの朝 ¥260**
- **ソフトクルミパン¥ 190**
- **タルタルフィッシュサンド ¥190**
- **北海道コロッケパン ¥220**

※価格は全て税抜

パンまでオリジナルの商品が多く、子供からお年寄りまで飽きがこない商品が揃う。焼きたてのパンを提供することを心掛け、多くのファンたちの支持を受けている。

INFORMATION

住 札幌市東区北13条東2丁目2-5
☎011-723-3713
営 7:30～20:00
休 火曜日　P 10台
IN なし　予 あり　送 なし
交 地下鉄南北線「北13条」駅から徒歩約5分
HP http://aesopbakery.net

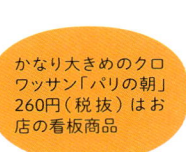

道産食材にこだわった 低温製法のドーナツ＆ベーグル

大きな窓から光が差し込む明るいカフェスペースで、色とりどりのドーナツを楽しめる時間を満喫できる

ふわもち邸

ふわもちてい

Atsubetsuku
厚別区

ふわもち邸のドーナツ・ベーグルはふわふわ・もちもちの食感にこだわり、140種類にも及ぶ商品は、天然酵母や道産小麦などの厳選した材料をつかってひとつひとつ丁寧に手作りしている。

赤ちゃんの肌のようなふわもちの生地に、具をたっぷりと軽い食感に仕上げて、甘さはひかえめに。子供から高齢者まで楽しめるドーナツやベーグル。ふわもち邸の2F・3Fは、ゆっくりすごせるカフェ。できたてのベーグルサンドと一緒にランチを楽しめる。デザートにぴったりな季節のフルーツサンド、とろけるフレンチトーストなどもそろっており、ベーグルサンドは80種類以上。好きなサンドと組み合わせたランチを食べることができる。

軽い食感のふわふわドーナツと具だくさんのもちもちベーグル

2

道産食材にこだわりながら、ひとつひとつ丁寧に手作り。たっぷりの牛乳と練りこんだじゃがいもによるふわふわ・もちもち感が楽しめ、甘さひかえめで、油っぽさをおさえた軽い食感に仕上げているドーナツ。小麦の自然な甘みと、しっとり・もっちりとした食感。北海道産小麦と天然酵母を使った生地を、低温でじっくりとねかせて美味しさを引き出している種類豊富なベーグル。プレーンベーグルから具がいっぱいの季節限定メニューまでバラエティーに富んだベーグル。どちらも見逃せないこだわりの味。

4

3

1

ごま生地にこしあんを包んだお店で1番人気の「ごまあんこ」170円（税別）

5

1.季節限定品も含めると60種類以上に及ぶドーナツ。
2.香ばしい食感のラスク。子供のおやつから大人のおつまみにも。
3.ひとつひとつの商品に特徴が詳しく書いてある親切さもありがたい。
4.オンラインショップでの購入も可能でギフトにも最適。
5.店舗横にはカフェスペースへの階段。ピンクの幕が目を引く。

INFORMATION

㊟札幌市厚別区厚別中央2条2丁目3-3
☎011-802-5919
㊪8:00 ～ 16:00（なくなり次第閉店）
㊡ 月曜・火曜（祝日の月曜は営業）
Ⓟなし（周辺駐車場有）
INあり　㊄あり　㊜あり
㊝地下鉄東西線「ひばりが丘」駅から徒歩約5分
HP http://www.fuwamochi-tei.com/

Check

●焼き上がり時間　開店前
［一部メニュー紹介］
●ドーナツ
みるく ¥130　ごまあんこ ¥170
シナモンロール ¥190
●ベーグル
プレーン ¥140　ポテサラ ¥210
ベーコンマスタード ¥230
※価格は全て税別

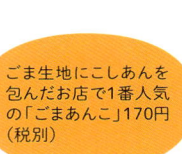

北海道だからこそこだわった
厳選素材を使用

お土産やプレゼントなどにも人気のギフトの数々

BAKERY Coneru

ベーカリー コネル　厚別店

Atsubetuku
厚別区

地下鉄東西線「新さっぽろ駅」から10分ほど歩いた住宅街の中にある大評判のパン屋さん。北海道だから出来る本当にこだわった厳選素材をふんだんに使用する事で、美味しさだけでなく安心して食べれるパンを提供。パン職人が惚れ込んだ天然酵母が「ホシノ天然酵母パン種」。この酵母は穀物に付着する酵母菌で乳酸菌をそのまま取り込み、国産小麦、国産減農薬米、麹、水でゆっくり育てた天然酵母でパンに熟成のうまみが出るのが特徴。

焼成は高温短時間で焼成する事により必要以上に水分を飛ばさず、外皮はしっかりクラムはしっとり焼き上げている。パンに使用するフィリング（パンへの詰め物）は一部のものを除いて自家製で安心パンとしても大好評でパンを形状や彩り、素材の組み合わせで楽しさも演出している。

道産小麦と天然酵母の焼きたてパンを提供

2

食パン、フランスパン、雑穀パン等食事パンは全て天然酵母を使用し、道産小麦と天然酵母で焼き上げた店自慢の焼き立てのパンは一味違う。この店では全てのお客様に感謝の気持ちと感動を与えるため、どの時間帯でも焼き立てを提供するように心掛け、閉店間際まで焼き立てパンで溢れいつも店内はいい香りがしている。さらに店内はオープンキッチンとなっておりパン作りの風景もライブ感覚で楽しむ事ができ、小さな子供が家族で訪れる光景がよく見られる。

4

3

1

「半熟たまごのカレーパン」223円(税抜)

「納豆デニッシュ」167円(税抜)

5

1.new製品や人気商品は手前のテーブルに彩り鮮やかに並べられている。
2.ビルの一階に大きく「パン」と書かれた看板が目印。
3.広く明るい店内に焼きたてのパンが並ぶ。
4.コーヒーや紅茶にぴったりのクッキーの数々。
5.人気の「生クリーム食パン」352円(税抜)。

INFORMATION

㊟札幌市厚別区厚別東二条3丁目7-1
アクティブヒルズ 1F
☎011-557-0708
㊚8:00 ～ 18:00
㊡ 無休(年末・年始は休み) Ⓟ5台
INなし ㊄あり ㊇なし
㊋地下鉄東西線「新さっぽろ」駅7番出口から徒歩約10分
HPhttp://bakery-coneru.com/

Check

- 焼き上がり時間　随時

[一部メニュー紹介]
- 生クリーム食パン ¥352
- モッツァレラチーズとえだ豆の雑穀パン ¥186
- カマンベールとじゃがバター ¥204
- アンチョビベーコン ¥204
- 味わいビーフカレーパン ¥186

※価格は全て税抜

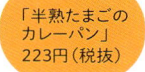

すべての工程を手造りしている本格派ドイツパン

Bäckerei DOLPHY

Atsubetsuku
厚別区

本格的ドイツパンの店　ベッカライドルフィー

本格的ドイツパンの店、ベッカライ・ドルフィー。創業41年、自家製サワー種とこだわりの製法に手間を惜しまずに焼き上げた、風味豊かなドイツパンを作り続けている。パン造りは小麦本来の自然の味を生かすため・兵庫県赤穂の天日塩・北海道産のよつ葉フレッシュバターなど添加剤を入れず良質な原料にこだわっており、焼きたてのドイツパンを家庭で食べることができる。ミネラル繊維成分を豊富に含んでおり、整腸作用の働きが活発になるライ麦パンは、体にやさしいとてもヘルシーなパンで、根強いファン多く

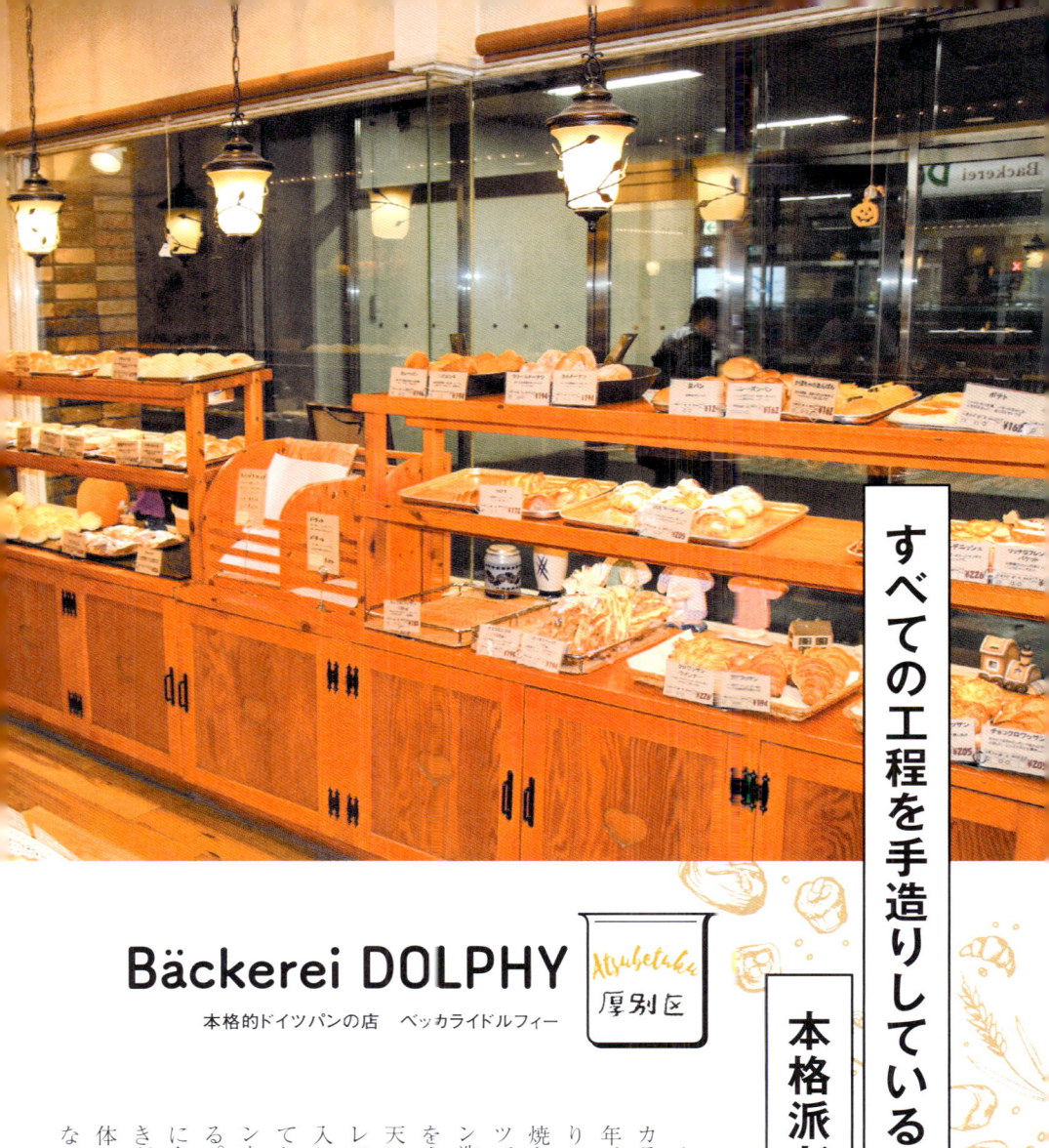

いる。干しぶどうと小麦で自然発酵させている天然酵母パンも手造りしており、12月にはフルーツをふんだんに使ったドイツの代表的な菓子パン、「シュトレン」を販売する。

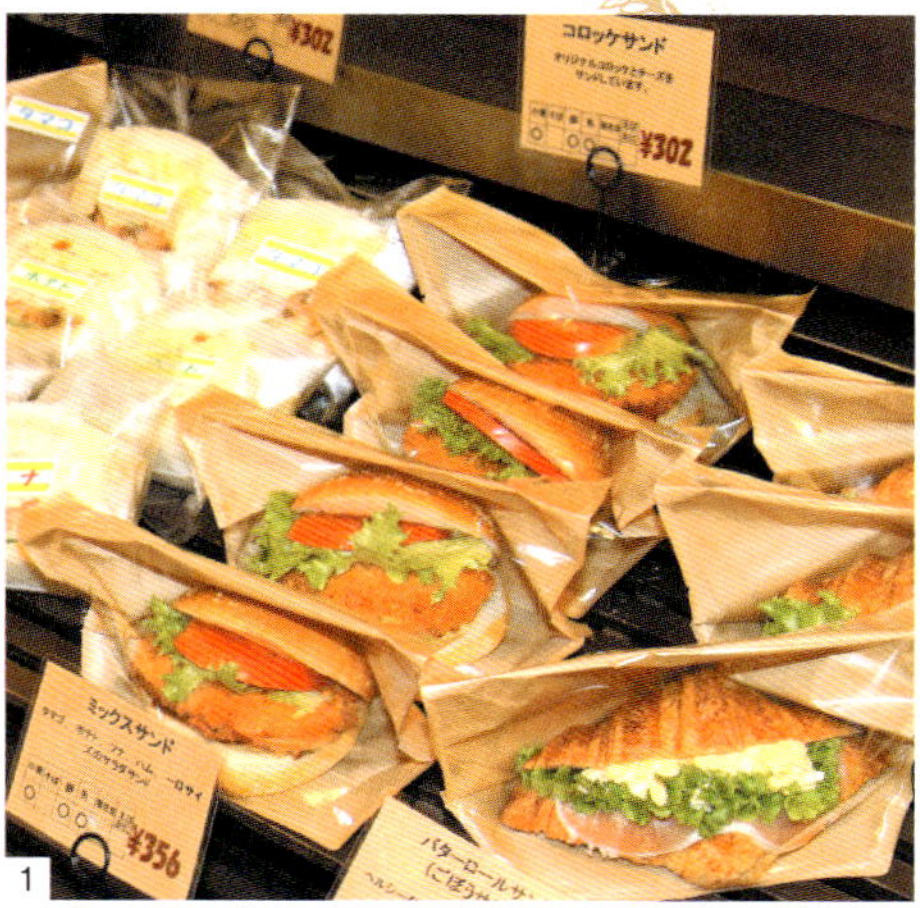

1

2

栄養価の高いかぼちゃの種が入った小型パン「キュルビスブロート」669円（税込）

軽い酸味とキャラウェシードの香りがよく合う「クルスエテンブロート」594円（税込）

3

1.様々な具材を挟んだサンドが冷蔵ショーケースに並べられている。
2.種類豊富なオリジナルクッキーも大好評。
3.入り口にはパンを持ったキャクターの看板がかわいいと評判。

木を基調とした店内にはドイツパンのの香ばしいにおいが漂う

Check

●焼き上がり時間　開店前～種類ごとに随時

［一部メニュー紹介］
- **●イギリスパン 1斤 ¥270・ハーフ ¥405・1本 ¥810**
- **●ゾンネンブルーメンブロート ¥410　●ライレーズン ¥216**
- **●カンパーニュコンプレ ¥594**

※価格は全て税込

INFORMATION

住 札幌市厚別区厚別中央2条5丁目6-1 新札幌駅名店街
☎011-892-8445　FAX 011-892-8445
営 8:30～19:00（土18:30まで）
休 日曜日・祝日　P なし
IN なし　予 あり　送 あり
交 地下鉄東西線「新さっぽろ」駅8番出口から徒歩約5分
HP http://www.dolphy.jp/

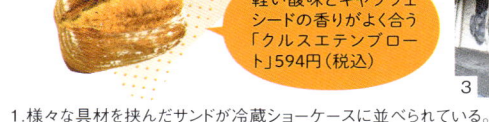

北海道の魅力が詰まった
手作りパンの店

BAKERY Charlie

Shiroishiku
白石区

パンの店チャーリー

大人から子供まで喜んで食べられるパンをふんわり柔らかいパンからハード系のパンまでこだわりのマスターがすべて手作りしているお店。北海道産の素材を使い、食べやすさを求め、一手間二手間を惜しまず、たとえば菓子パンならふんわり口どけのよい生地を、ハード系なら表面はカリカリ中はモチモチな食感を。一度食べたらやみつきになる、この店でしか食べられないパンをいつも追求している。お店NO1はなんといっても「みかんあんぱん」。温州みかんのジューシーな甘みと酸味を凝縮し、甘さ控えめな生クリー

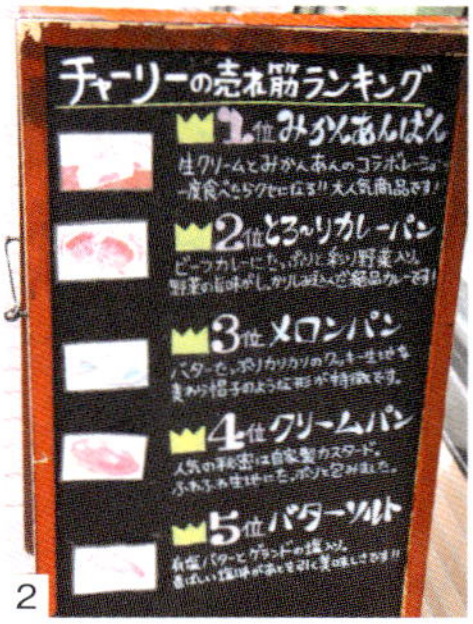

2

1

人気NO1の冷やしておいしい、「みかんあんぱん」170円（税込）

3

「プロバンスハーブのチキンサンド」270円（税込）

1.L型のテーブルには焼きたてのパンがきれいに並び、置台の木目との色合いが美味しさを引き立てる。
2.売れ筋ランキングが書かれたボードによって一目でわかる人気ランキング。
3.メイン通りの南郷通りから少し入った所にある「BAKERY Charlie」。

職人がすべて手作りで完成したパンは数十種類に及ぶ

Check

●焼き上がり時間　開店前後（常に店頭にて販売）

［一部メニュー紹介］
●道産小麦の食パン（3枚入り）¥130
●チャーリーの食パン（3枚入り）¥110　●カレーパン ¥180
●明太チーズ ¥180　●ちくわパン ¥200　●ベーコンエビ ¥160

※価格は全て税込

INFORMATION

㊟札幌市白石区東札幌二条3-7-33
☎011-826-4160　FAX011-826-4190
㊎火曜～金曜　10:00～18:30
日曜・土曜・祝日　9:00～18:30
㊡月曜日　Ⓟ4台
INなし　㊀あり　㊂あり
㊋地下鉄東西線「東札幌」駅から徒歩約5分
HPhttp://www.charliepan.jp/

ムであわせたもの。「あん」といえば和をイメージしがちだが、冷やして美味しいこれは「スィーツ」なあんぱん。その美味しさに道外からの依頼が後を絶たない。

ワクワクさせる秘訣は「毎日進化し続けること」

店内は幅の広い通路によって種類豊富なパンをゆっくり見てまわれる

HEART BREAD ANTIQUE 札幌南郷通店

Shiroishiku 白石区

ハートブレッドアンティーク　さっぽろなんごうどおりてん

パンとスイーツの伝統から学びワクワクを届けたい、時を超えて愛され続けたいとの願いから命名された店名。その日の温度、湿度によって発酵具合、焼き具合が変わるため日々研究を行っている職人たちの手で作られたパンの数々を、全国各地で販売している。その100種類以上あるパンすべてがお子様からお年寄りまで安心して食べられる商品作りを目指し、材料の一つ一つが同店のオリジナルにこだわり続けられたものだ。

店内には思わずワクワクするパンや良い香りが漂い、焼きあがったばかりのパンを店内のカフェコーナーで味わうこともできる。「毎日進化し続ける」をモットーに毎日食べても飽きのこない味をスタッフ一同守り続けている。

クリームぎっしり、具はどっさりの夢のあるパンが勢ぞろい

交通量の多い南郷通りを札幌中心街から大谷地方面へ行くと、地下鉄南北線「南郷13丁目」駅を過ぎてすぐ、大きな「ANTIQUE」の看板が目に入る。開店直後にはほぼ満車状態になることも珍しくない。店内には100種類を超えるパンと、売り場横には広くおしゃれなカフェコーナー。ハロウィンにそったかわいいパンやクッキーもあり子供にも大人気で、店内には多くのアイディアが詰まっている。話題のパンのコーナーもありお店の中は見所満載。

4

3

1

「マジカルチョコリング」
Mサイズホール 550円
（税抜）

5

1.総菜がたっぷり詰まったパンが勢ぞろい。
2.南郷通りに立つ看板は地域のランドマークのよう。
3.時期が来ると子供に大人気のハロウィンコーナー。
4.国産小麦粉「ぞっこん」を使用し、子供に大人気の「ぞっこん塩パン」77円（税抜）。
5.今ハワイで話題のポップオーバー。外はサクサク、中はもちもちが大人気。

INFORMATION

㊟札幌市白石区南郷通15丁目南3-12
☎011-595-7250
㊡8:00～20:00
（カフェ）11:00～17:00
㊡無休（年末年始を除く）　Ⓟ40台
INあり　予あり　送あり
㊛地下鉄東西線「南郷13丁目」駅から徒歩約3分。
HP https://www.heart-bread.com/

Check

- 焼き上がり時間
  オープンから種類ごとに随時

［一部メニュー紹介］
- ぞっこん塩パン ¥77
- 復刻ぜっぴんクロワッサン ¥96
- チーズフランス ¥290
- かぼちゃとさつまいもの食パン 1斤 ¥390

※価格は全て税抜

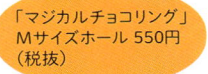

老舗ベーカリーの焼きたてパンを楽しむ

明るい陽射しが入り込む店内

シロクマベーカリー

しろくまべーかりー

Shiroishiku
白石区

１９４７年、本格的なヨーロッパ式のパンづくりを志して函館で産声をあげたシロクマ北海食品は１９７０年に札幌に拠点を移し、以来「シロクマパン」のブランド名で親しまれている。１９９７年には札幌市西岡に道産小麦だけを使った焼きたてパンの店「れもんベーカリー」を開店した。

食の安全性への関心が高まり２００９年からは有機農法による小麦を使ったパンの製造を目指し、小麦生産農家との協働で畑作りからの取り組みを開始。有機ＪＡＳ認証も取得し、２０１４年、道産小麦１００％のオーガニックパンを完成させた。

２０１５年９月、焼きたてパンの店を白石区本郷通りに移転。店名は創業時の思いを込めて「シロクマベーカリー」としてリニューアルオープンした。

パンは小麦と発酵のマリアージュ

2

シロクマベーカリーでは、新篠津村のファームで丹精込めて有機栽培した、春播き小麦「はるきらり」を使って、有機JAS認証の製法で作ったパンを提供している。基本は北海道小麦の美味しさを引き出す事にあり、噛みしめるほどに美味しさが湧き出てくる「田舎パン」や「バゲット」。米粉を使った「ダッチロール」や「塩パン」などの食事パン。人気の「きたのかおり食パン」「天然酵母パン」などの食パン類。サンドイッチなどの惣菜パンなど、毎日80種類以上のパンを作っている。

4

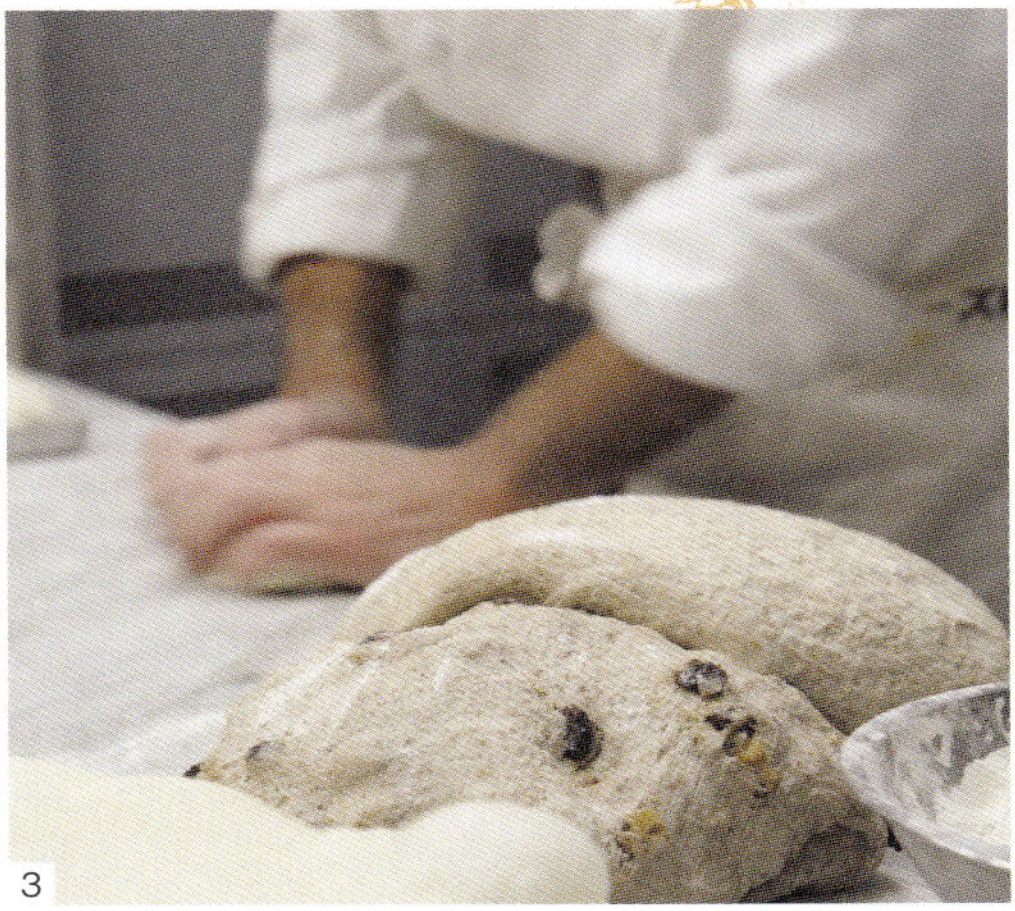
3

1

店を代表するクマの手をモチーフにした菓子パン「シロクマの手」178円（税込）

5

道産ライ麦と天然酵母で仕上げた「ライ麦パン」350円（税込）

1.こだわりぬいて開発されたパンの数々が店内に並ぶ。
2.国際的に活躍する現代美術家がデザインしたロゴ。
3.一つ一つに愛情をこめて作られているシロクマベーカリーのパン。
4.明るい日差しを浴びながらパンを楽しむ優雅なひと時を楽しめる。
5.2階ではイートインコーナーがあり、日常からかけ離れた空間でパンを楽しめる。

INFORMATION

㊟札幌市白石区本郷通13丁目南5−20
☎011-598-0151
㊒8:00〜18:30
㊡火曜日　Ⓟ3台
INあり　㊠あり　送なし
㊦地下鉄東西線「南郷13丁目」駅3番出口から徒歩約1分
HP https://www.shirokuma-bakery.com/

Check

- 焼き上がり時間　8:00 〜

［一部メニュー紹介］
- 大麦食パン ¥400
- 天然酵母食パン ¥380
- あんぱん ¥160
- メロンパン ¥150
- ダッチロール ¥120
- 塩パン ¥150

※価格は全て税込

オリジナルパンが充実した お洒落なパン屋

窓の外には緑が溢れ、垣間見る日差しが店内を明るくさせる

PETITS FOURS

プティ・フール

Shiroishiku
白石区

白石区でも常に人気上位の種類豊富なパンを揃えたお店。国道12号線から少し住宅街に入った所にあるお洒落な建物の「プティ・フール」。広い駐車場は主婦の方々も楽に車を止められて大好評。店内は明るくて広く、スペースに余裕を持った陳列スペースがパンで埋め尽くされている。人気商品の食パンは、50分ごとに焼き上がるため、いつでも焼きたてを購入できるのが人気の秘訣でもある。食パンは焼きたてだとスライスしにくく、予約なしの購入ではすぐにスライスできないこともあり、電話予約がおすすめ。耳が薄くてふわふわ、香りは弱めで癖がなく、サンドイッチにも合うという人気NO1の食パン。コロッケパンやハンバーガーなど惣菜パンも充実していて、ちょっと足を延ばしてでも行ってみる価値のあるお店。

絶品「クリームパン」を求めて
足を運ぶ人が絶えない店

この店の人気パンは山型食パンとクリームパンで、耳は薄く中はふわふわ、小麦とバターの風味が絶妙。こだわりの食パンを使ったサンドイッチもおすすめ。「プティ・フールといえば「クリームパン」と言われるほどオリジナルのクリームパンが有名。コロネのように生地を焼いた後にクリームを後詰めする新鮮な製法で作られたパンは、あっさりで上品な味が忘れられなくなる。パンの種類が豊富で、角食や惣菜パン以外にも菓子パンも充実しており、1口サイズの「プチシュー」などは子供に大人気。

2

3

クリームが甘くないのに絶品で何個でも食べられそうな「クリームパン」135円（税込）

4

5

1

1.ハード系のパンから惣菜パンまできれいに陳列された店内。
2.自家製カスタードクリームが人気のシュークリーム、エクレア
3.サンドウィッチの種類も豊富。ヘルシーなものからボリューム感たっぷりのものまで。
4.子供のおやつに大人気の「ミニクロワッサン」の計り売り。
5.クリーム色の建物に赤い「petits fours」の文字が生える。

INFORMATION

㊟札幌市白石区中央1条5丁目11-15
☎011-823-6502
㊡9:00 ～ 19:00
㊡ 木曜日　Ⓟ10台
INなし　㊀あり　㊁なし
㊇地下鉄東西線「白石」駅から徒歩約10分
HPなし

Check

● 焼き上がり時間
9:00 ～ 9:30

[一部メニュー紹介]
- ●食パン（1食）¥130
- ●食パン（1本）¥650
- ●クリームパン ¥135
- ●クロワッサン ¥130
- ●まめぱん ¥72
- ●メロンパン ¥120

※価格は全て税込

ボリュームたっぷりのサンドイッチ専門店

ヘルシーなサンドイッチからボリューム感あふれるものまでが鮮やかに並ぶショーケース

ことにサンド

ことにさんど

Nishiku
西区

使用する小麦は口どけの良い十勝産「春よ恋」ともっちりとした北海道産の「ゆめちから」をブレンドし、食感や風味にこだわったオリジナルサンドイッチ。さらに小麦の美味しさを引き出すために低温熟成し、湯種製法でパンを作り上げている。この店の特徴はなんといっても厚切り食感のボリューム感。ひとつ４００g以上のパンにぴったりの食材と味わいをセレクトしている。昼時にはサンドイッチを選ぶ人でショーケースの前は人で溢れ、出来立ての美味しさをイートインテーブルで味わう人で賑わっている。

食パンの販売もしており「専門店の食パン」「角食」「角食抹茶」と3種類が店内に並びお土産にと購入していく人も増えている。今後の展開が楽しみなサンドイッチ専門店。

色鮮やかな看板が目を引く、欲張りサンドイッチ専門店

2

外看板がオレンジ基調のかわいいお店。店内に入ると奥にレジカウンターがあり、サンドイッチはその横の冷蔵ケースにずらりと並ぶ。具材がパンからはみ出してしまうほどの迫力のサンドイッチは若い男性にも大評判。パンや具材にもこだわっており、パンはプレーン・抹茶・コーヒーの3種を具材によって使い分け、「ことにサンド～BLTC～」をはじめとするフードサンドが10種類以上、「伝統のティラミス」などのスイーツサンドも数種類あり飽きることなくランチを楽しめる。

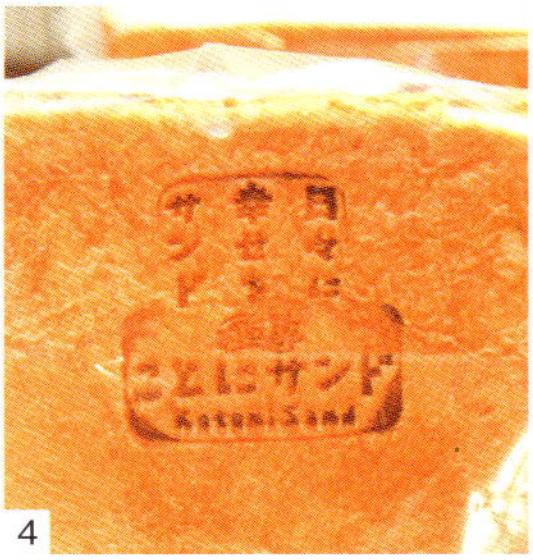

4

3

「ハーフ&ハーフ」
500円（税別）～

5

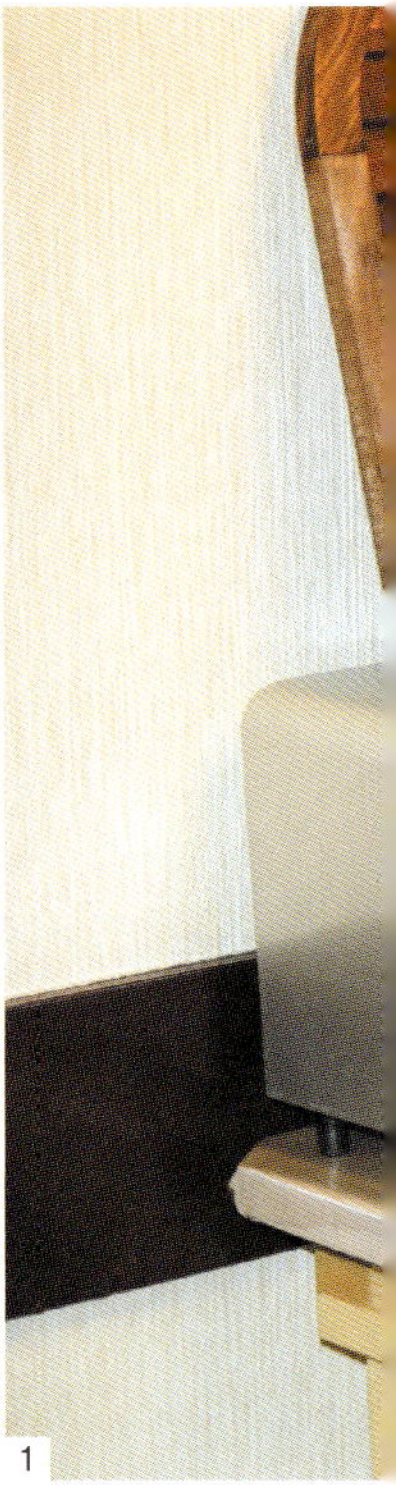

1

1.店内で焼きたても食べられるトースターも完備。
2.北5条手稲通りに面した建物はオレンジの店名の看板が目立っている。
3.明るく元気よく迎えてくれるスタッフはサンドイッチの説明も好感度抜群。
4.角食につくオリジナル焼き印。
5.3種類ある食パンは人気がありリピーターが多い。

INFORMATION

住 札幌市西区山の手5条1丁目1-1
☎ 011-699-5174
営 11:00～18:00（売り切れ次第終了）
休 火曜日　P なし
IN あり　予 あり　送 なし
交 地下鉄東西線「琴似」駅から徒歩約10分
HP https://www.instagram.com/kotonisand/

Check

［一部メニュー紹介］
- ことにサンド ¥550
- 手作りツナ ¥420
- 夢見る！たまご ¥500
- 自家製ローストビーフ ¥700
- 普通のフルーツ ¥500
- プレミアムフルーツ ¥800
- 専門店の角パン 1斤 ¥600

※価格は全て税別

心を込めて提供する パンとクッキーは地域の方々の希望

きぼうの森

Nishiku 西区

きぼうのもり

パンやシフォンケーキ、クッキーの製造と販売を通して障がいを持つ方への就労支援を行っているNPO法人。身体へのやさしさにこだわり、できるだけ無添加を意識したパンはふっくらとしていて、柔らかく食べごたえもある。

定番の商品以外にも毎日変わるメニューが10種類以上もあり、おいしくて安心して食べて欲しいとの従業員の願いがパンに込められている。店内の壁には「きぼうの森パン物語」のイラストストーリーが壁画のように並べられ、子供からお年寄りまでパンの香ばしい匂いとともに楽しんでいる。運営する会社の理念にある「生活の場、人と人とのふれあいの場、目標とやりがいを見つける場」が店内から感じられる地域に密着したあったかいパン屋さん。

2

1

子供や女性に人気の「アップルリング」170円(税込)

3

人気沸騰。遠方から求めに来る人もいるほどの「塩パン」130円(税込)

1.ひとつひとつ丹精込めて作られたパンがきれいに陳列されている。
2.外壁にはかわいいイラストが描かれており、子供に大人気。
3.壁に掛けられている「きぼうの森パン物語」。

Check

- **角食焼き上がり時間　10:30 ～**

［一部メニュー紹介］
- **あんぱん ¥140**
- **焼きカレーパン ¥130**
- **ごまチー ¥160**
- **ほうれん草パン ¥150**
- **ひと口食パン ¥180**

※価格は全て税込

INFORMATION

㊟札幌市西区西町北14丁目1-15
ホクシンビル1F
☎011-624-5142　FAX011-624-5143
営11:00 ～ 16:30
休 土・日・祝日　Ⓟ2台
INなし　予あり　送なし
交地下鉄東西線「発寒南」駅より徒歩約10分
HPなし

進化を続けるクロワッサンが地域の人々を魅了させる

BOULANGERIE MALESHERBES

ブーランジェリーマルゼルブ

Minamiku
南区

札幌市南区川沿にあるこのパン屋さんはクロワッサンが美味しいと評判。こだわりの微粉砕の全粒粉を使用し、さらに道産小麦100%、発酵バターを贅沢に使い、より奥行きのある味わいを実現。折り込み方にもこだわり、きめ細かい層でより繊細にサックリと焼き上げたお店の自信作。このパンを求めて毎日のようにこの地域の方は足を運ぶ。

他にもクロワッサンの生地の中にチョコレートが入っている「パン・オ・ショコラ」186円（税別）や、中にクリームチーズが入った秋限定の「胡麻と柚子香るさつまいものパン」

2

1

5種類の全粒粉を使用した「5ボヌール（5つの幸せ）」269円（税別）

3

1.シェフおすすめの「クロワッサン マルゼルブ」223円（税別）。
2.ハード系パンも魅力。外がパリッ！中がもちっ！の代表各「バゲットマルゼルブ」204円（税別）。
3.お店の入口もウッディーな作りで風格ある外観。

店内は木を基調とした欧州的な雰囲気

Check

●焼き上がり時間　8:00 ～随時

［一部メニュー紹介］
●バゲットレザンL ¥167　●パンマルゼルブ ¥102
●チャバタ ¥167　●パン・オ・フィグL¥223　●マロンマロン¥297
●ノアレザン¥241

※価格は全て税別

INFORMATION

住札幌市南区川沿4条3丁目2-12
☎011-596-0339
営8:00 ～ 18:00
休毎週木曜日、第2水曜日　P1台
INなし　予あり　送なし
交地下鉄南北線「真駒内」駅から車で約10分
HPhttps://blogs.yahoo.co.jp/malesherbes911

334円（税別）はおやつに最適と主婦たちに大好評。デパートなどで行われるベーカリーフェアにも出店しており、そのこだわりのメニューや製法は多くのベーカリーファンに認められている。

研究を重ねた自家製酵母で絶品のパン

自家製酵母パン研究所 tane-lab

Minamiku
南区

タネラボ

地下鉄真駒内駅から車で5分、住宅街の中にあるパン屋さん。タネラボは店名の通り、様々な食材で作られる自家製酵母を使って、こだわりのパンが提供される店。シンプルな食パンからスイーツ系のパン、焼き菓子も揃え、そのすべてに、自家製の酵母で種を起こして、おいしい風味を醸し出す。酵母の元になるのは、レーズン・甘酒・ヨーグルト・レモン・ビール・イチゴ・リンゴ・紅茶・緑茶など、様々な食材。季節や素材によって、発酵力が違うので、最適なものを選び、様々な状況で巡り合う味が自家製酵母の魅力。

2

1

豆乳バニラクリームをオーダーを受けてからのせる「シナモンロール」320円（税込）

3

1.自家製酵母の結晶「角食」1斤500円（税込）。
2.美味しいパンへの追及がつまった自家製酵母パン研究所「タネラボ」。
3.ヨーグルト酵母の「厚焼フォカッチャ」1ホール1200円（税込）など自家製酵母使用のパンが勢ぞろい。

白い壁にきれいに並べられたパンすべてにこだわりが

Check

●焼き上がり時間　開店直前～種類ごとに随時

［一部メニュー紹介］
●カンパーニュ 1ホール ¥1040円　●ライ麦80 1斤 ¥1000
●ライブレッド ¥350　●ゴルゴゾーラとハチミツ ¥380
●酒粕クッペ ¥200　●ベーグル（プレーン）¥250

※価格は全て税込

INFORMATION

㊟札幌市南区真駒内曙町3-1
曙ビル1F
☎011-252-9772
㊢11:00～16:00
㊡不定休　Ⓟ2台
ⒾⓃなし　㊀あり　㊁なし
㊂地下鉄南北線「真駒内」駅から車で約5分
ⒽⓅなし

北海道産小麦「春よ恋」の小麦の粒を丸ごと石臼で挽いた粉を使ったハードパンやボリュームと食感が特徴のマフィンなど幅広い種類のパンをこだわりの製法で作りだしている。

体に優しく、口に美味しく、心に温かい

パン菓子工房 バーケリー

ishikari
石狩市

ぱんかしこうぼう　ばーけりー

地元石狩産小麦の「春よ恋」を使用し、熟成発酵させた風味豊かなパンと、シンプルで素材の味を最大限に活かした菓子販売を「就労継続支援B型事業」として行っている。主な商品には卵を使用していないため、卵アレルギーの方も安心して食べることができる。

天然酵母による手作りのパンは歯ごたえと、豊かな風味が特徴で、一次発酵にたっぷりと時間をかけて作り、シンプルながら素材の味を最大限に活かした、どこか懐かしいやさしい味わい。手作りの焼きたてのパンや焼き菓子を自宅まで配達する業務（地域限定）

も取り扱っており、焼きたての温かさを笑顔と一緒に届けることを目指している。

地元で生産された小麦粉を使い様々な商品が並べられている

2

1

道産乾燥椎茸と全粒粉でブレンドした「椎茸のカンパーニュ」350円（税込）

3

1.人気商品の「クロワッサン」は100円（税込）とリーズナブルな価格。
2.石狩市スポーツ広場の向かいにあるため、スポーツ帰りの家族連れも多く来店する。
3.明るく、清潔感溢れる店内には香ばしい香りがただよう。

Check

- 焼き上がり時間　随時

【一部メニュー紹介】
- ミルティーユ ¥220
- クランベリーノア¥200
- 麦の香り¥380
- フリュイ・ド・カンパーニュ¥250

※価格は全て税込

INFORMATION

㊟石狩市花畔342-9
☎0133-64-0303　FAX0133-64-0313
営11:00～16:00
休 4月～11月：日・月曜日、祝祭日
12月～3月：土・日・月曜日、祝祭日
※他、不定休有り　Ⓟ5台
INなし　予あり　送あり
交石狩市役所から車で5分
HP http://www.tanpopo-vind.jp/koubou.html

INDEX

ま

●編　　集 ……… 浅井精一・北川義浩
大桑康寛（エバーグリーン）

●取材・文 ……… 大桑康寛（エバーグリーン）
三谷愛莉

●写　　真 ……… 大桑康寛（エバーグリーン）

●デザイン ……… 斎藤美穂・安井美穂子
藤本丹花・松井美樹

札幌　パン便り　こだわりのベーカリー案内

2019年11月30日　　第1版・第1刷発行

著　者　札幌「パン便り」編集室（さっぽろぱんだよりへんしゅうしつ）
発行者　株式会社メイツユニバーサルコンテンツ
（旧社名：メイツ出版株式会社）
代表者　三渡　治
〒102-0093 東京都千代田区平河町一丁目1-8
TEL：03-5276-3050（編集・営業）
03-5276-3052（注文専用）
FAX：03-5276-3105
印　刷　三松堂株式会社

ご意見·ご感想はホームページから承っております。
ウェブサイト　https://www.mates-publishing.co.jp/

編集長:折居かおる　副編集長:堀明研斗　企画担当 折居かおる